AF630847

Chemie

WTB

WISSENSCHAFTLICHE TASCHENBÜCHER

ERICH GUNDERMANN

Chemie und Technologie des Braunkohlenteers

AKADEMIE-VERLAG · BERLIN

WTB

BAND 12

Erich Gundermann

Chemie und Technologie des Braunkohlenteers

Mit 10 Abbildungen und 17 Tabellen

AKADEMIE-VERLAG · BERLIN

1964

Reihe CHEMIE

Herausgegeben im Auftrage der Sektion Chemie
bei der Deutschen Akademie der Wissenschaften zu Berlin

von:
Prof. Dr. H. Klare, Teltow-Seehof,
Prof. Dr.-Ing. Dr. h. c. E. Leibnitz, Leipzig,
Prof. Dr.-Ing. K. Schwabe, Dresden,
Prof. Dr. Dr. h. c. E. Thilo, Berlin

Verantwortlicher Herausgeber dieses Bandes:
Prof. Dr.-Ing. Dr. h. c. E. Leibnitz

Verfasser:
Dr.-Ing. E. Gundermann
Institut für Verfahrenstechnik der organischen Chemie
der Deutschen Akademie der Wissenschaften, Leipzig

Erschienen im Akademie-Verlag GmbH,
Berlin W 8, Leipziger Straße 3–4
Copyright 1964 by Akademie-Verlag GmbH
Lizenznummer: 202 · 100/543/64
Gesamtherstellung: Druckhaus „Maxim Gorki“, Altenburg
Bestellnummer: 7012
ES 18 C 5 / 20 M 4
Preis: DM 8,–

Inhaltsverzeichnis

Vorwort

Seit mehr als 100 Jahren wird Braunkohle in Deutschland gefördert und auf Kohlenwertstoffe verarbeitet. Die Verfahren zur chemischen Verwertung der Braunkohle sind fast ausschließlich in Deutschland entwickelt worden. Die beiden deutschen Staaten verfügen zwar nur über rund 9% der Weltvorräte an Braunkohle, stehen aber noch heute an der Spitze der Braunkohlenförderung, wobei das Schwergewicht bei der DDR liegt. Von allen Ländern der Welt besitzt allein die DDR eine große Industrie auf der Grundlage der Braunkohle, der z. B. Westdeutschland, die benachbarte ČSSR und Australien in der Bedeutung und dem volkswirtschaftlichen Wert ihrer Braunkohlen-Veredlungswerke erst mit Abstand folgen. Es ist daher natürlich, daß die Literatur über die Braunkohle, über die thermisch-mechanische und über die chemische Braunkohlenverarbeitung allein in Deutschland und in den letzten Jahren in der DDR entstanden ist. Man könnte nun den Standpunkt vertreten, daß eine Erweiterung dieser Literatur überflüssig erscheint, weil die im Tagebau abzubauenden Flöze in Deutschland nur noch einige Jahrzehnte ausreichen. Demgegenüber ist festzustellen, daß die bisher bekannten Weltvorräte an Braunkohle rund 3000 Milliarden Tonnen betragen, und die riesigen Lager in der UdSSR und in den USA bis heute wenig angegriffen sind. Alle Länder, die in Zukunft eine chemische Braunkohlenverwertung ins Leben rufen wollen, werden daher auf den deutschen Arbeiten und Erfahrungen aufbauen müssen. Unter diesem Gesichtspunkt betrachtet, ist jede Neuerscheinnung auf dem Gebiete der Braunkohlenveredlung nicht nur von nationalem, sondern besonders auch von internationalem Interesse.

Das vorliegende Buch, das die Chemie und Technologie der Braunkohlenteerverarbeitung nach ihrem neuesten Stande behandelt, soll Studenten der Chemie, der chemischen Verfahrenstechnik und der bergbaulichen Disziplinen zur Ergänzung ihrer technologischen Vorlesungen dienen. Darüber hinaus soll es von Chemikern, Ingenieuren, Technikern und Meistern der Teerindustrien zur Vertiefung ihrer Kenntnisse, zumal auf chemischem Gebiet, verwendet werden, da der Chemie des Braunkohlenteers ein verhältnismäßig breiter Raum zugestanden wurde. Erstmalig ist in diesem Buch eine lückenlose Aufzählung der in Braunkohlenteeren und Braunkohlenteerprodukten bisher nachgewiesenen Inhaltsstoffe enthalten. Ausländischen auf dem Gebiet der Braunkohlenveredlung und verwandter Gebiete tätigen Fachleuten wird das Buch einen Überblick über die in der DDR und Westdeutschland ausgeübten Verfahren der Braunkohlenteererzeugung und -verarbeitung vermitteln. Infolge des in alle Abschnitte reichlich eingearbeiteten Zahlenmaterials hat das Buch trotz seines geringen Umfanges fast den Charakter eines Taschenbuches, das auch erfahrene Fachleute zum Nachschlagen zur Hand nehmen werden. So hoffe ich, daß diese Ausarbeitung zahlreichen Kollegen von Nutzen sein wird.

Leipzig O 5,
Institut für Verfahrenstechnik
der organischen Chemie,
Juli 1963

Dr.-Ing. E. Gundermann

1. Allgemeines über Teere und Entstehung von Teeren

Teere im eigentlichen Sinne sind die öligen, mehr oder weniger dickflüssigen, dunkelbraunen bis schwarzen Produkte, die bei der trockenen Erhitzung organischer Stoffe unter Luftabschluß neben Wasser und Gasen entstehen, wobei als Rückstand Koks zurückbleibt. Die wichtigsten Teere sind die Kohlenteere, die bei der thermischen Zersetzung fossiler Brennstoffe gewonnen werden.

Die trockene Destillation von Brennstoffen wird auch als Verkokung bezeichnet, und zwar unterscheidet man je nach der Temperatur, auf die der Brennstoff bei der Destillation erhitzt wird, drei verschiedene Verkokungsarten:

Die Tieftemperaturverkokung mit der oberen Temperaturgrenze von etwa 600 °C,
die Mitteltemperaturverkokung, die etwa zwischen 700 und 900 °C verläuft und
die Hochtemperaturverkokung, die sich im Temperaturbereich von 900 bis 1300 °C abspielt.

Die Tieftemperaturverkokung wird in der Technik allgemein Schwelung genannt.

Teere entstehen ferner bei der Vergasung von Brennstoffen. Diese unterscheidet sich von der Verkokung und Verschwelung dadurch, daß der Brennstoff weitestgehend in Gase überführt wird und als Rückstand daher kein Koks, sondern nur Asche und Schlacke anfallen. Die trockene Destillation erfolgt unter Luftabschluß, damit keine Verbrennung der organischen Substanz stattfinden kann. Im Gegensatz hierzu wird bei der Vergasung Luft oder Sauerstoff zugeführt, wobei der Brennstoff unter Bildung brennbarer Gase aufgezehrt wird.

Der Zweck jeder Verkokung, Verschwelung oder Vergasung ist, Erzeugnisse zu schaffen, die in ihrer Gesamtheit einen höheren Wert ausmachen als die Ausgangskohle oder die auf diese Weise besser verwendet werden können. Hierbei kann das Arbeitsziel ein ganz verschiedenes sein. Bei jeder Hochtemperaturverkokung ist der Koks stets das gewünschte Hauptprodukt. Bei der Verschwelung der Braunkohle war früher das wichtigste Ziel, möglichst viel flüssige Erzeugnisse, also Teer, zu erhalten. In den letzten drei Jahrzehnten hat die Nachfrage nach Schwelkoks, zumal für die Gewinnung von Synthesegas, aber derartig zugenommen, daß heute die Kokserzeugung für manche Schwelwerke wichtiger ist. Es wird daher zwischen der teer- und koksbetonten Schwelerei unterschieden, je nachdem, ob das Schwergewicht des betreffenden Werkes mehr auf der Gewinnung von Teer oder auf der Gewinnung eines stückigen, rauchfreien, reaktionsfreudigen Kokses liegt (RAMMLER u. v. ALBERTI).

2. Die Entstehung des Braunkohlenteers

2.1. Die chemische Zusammensetzung der Braunkohle

Kohlen sind die Produkte der Ablagerung und Umwandlung der Pflanzen- und Tierwelt vergangener erdgeschichtlicher Zeiten. Die Braunkohlenlager sind vorwiegend im Tertiär durch das Absterben von Sümpfen und Wäldern entstanden, wobei oxydative Einflüsse entscheidend waren. W. FUCHS hat für die Entstehung der Braunkohlen folgendes Schema angegeben:

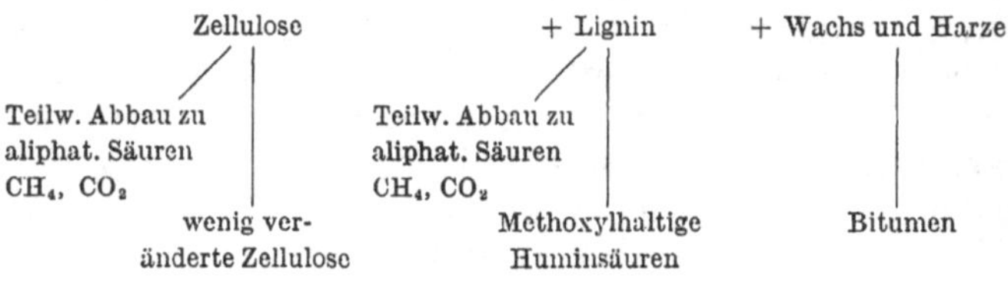

Die Braunkohle ist ebenso wie die anderen fossilen Brennstoffe ein sehr kompliziertes Gemenge chemischer Verbindungen, bei denen man folgende Hauptklassen unterscheidet:

Bitumen
Huminstoffe
Lignin
Cellulose
Mineralische Substanzen
Wasser und Gase

Der wichtigste Bestandteil der Braunkohle hinsichtlich ihres Wertes für die chemische Veredlung ist das Bitumen. Ausbeute und Beschaffenheit des Teeres bei der Verschwelung und Verkokung sind zu einem wesentlichen Teil vom Gehalt und von der Zusammensetzung des Bitumens der Kohle abhängig. Man versteht unter Bitumen in der Chemie den Teil der Kohle, der sich mit organischen Lösungsmitteln extrahieren läßt, wobei je nach dem Ausgangsmaterial, dem Extraktionsmittel und den Extraktionsbedingungen verschiedene Bitumenpräparate gewonnen werden können. Auf der Löslichkeit des Bitumens in organischen Lösungsmitteln beruht die technische Gewinnung des Rohmontanwachses.

Das Bitumen ist kein einheitlicher chemischer Körper. Es setzt sich zunächst aus einem Wachsteil und einem Harzteil zusammen. Der Wachsteil besteht neben Kohlenwasserstoffen (z. B. Hexadecan) im wesentlichen aus Wachsestern, freien Wachssäuren und Alkoholen, Oxysäuren und deren Laktonen, wahrscheinlich auch Anhydriden von Wachssäuren und in geringer Menge Wachsketonen. Der Harzkörper des Braunkohlen-Bitumens, der vermutlich aus dem Harz von Koniferen stammt, enthält Harzsäuren, Oxyharzsäuren und Resinole (Harzalkohole), die frei oder verestert vorliegen können. Ferner sind Kohlenwasserstoffe (u. a. Terpene und Polyterpene) und Terpenalkohole in dem Harz enthalten.

Tafel 1 gibt eine von W. Presting und K. Steinbach zusammengestellte Übersicht über die prozentuale Zusammensetzung des Braunkohlen-Bitumens (Rohmontanwachses) wieder.

Tafel 1 Prozentuale Zusammensetzung eines Braunkohlen-Bitumens

Klasse	Stoff	Gehalt %	
Wachs	Wachssäuren frei		17,5
	Wachssäuren verestert	30,0	
	Wachsalkohole verestert	23,5	
	Wachsester		53,5
Harz	Harzsäuren verestert	1,0	
	Harzsäuren frei	5,0	6,0
	Unverseifbares (Alkohole, Kohlenwasserstoffe)		9,0
Asphalt	Oxysäuren, Laktone, Ketone und andere Körper		14,0
			100,0

Der Hauptbestandteil des Wachsanteiles ist die Montansäure, die von verschiedenen Wachssäuren mit paarer Kohlenstoffatomzahl begleitet wird. Die Säure mit der wahrscheinlichen Bruttoformel $C_{28}H_{56}O_2$ dominiert, aber so, daß die Säuren C_{24}, C_{26} und C_{30} nur in geringer Menge enthalten sind. Die Montansäure, eine vermutlich gesättigte, geradkettige Fettsäure, deren Menge im Rohmontanwachs etwa 50 % beträgt, liegt teilweise frei, teilweise verestert vor, wobei die zugehörigen Alkohole (Tetrakosanol $C_{24}H_{50}O$, Cerylalkohol $C_{26}H_{54}O$ und Myrizylalkohol $C_{30}H_{62}O$) ebenfalls gerade Ketten haben. Die reine Montansäure hat eine weiße bis gelbliche Farbe, einen Ep_{rot} von 81 bis 82 °C, eine SZ von 118 und eine JZ von 2,5. Sie ist in der Kälte in den meisten Lösungsmitteln sehr wenig löslich, dagegen löst sie sich bei 90 °C in mittelsiedenden Benzinen, Chlorkohlenwasserstoffen und Aromaten. Die Säure bildet Blei-, Kupfer-, Aluminium- und Eisen-Seifen, greift also Metalle an.

Das Bk-Bitumen enthält fernerhin Ketone, von denen bisher nur das Montanon $C_{27}H_{55} \cdot CO \cdot C_{27}H_{55} = C_{55}H_{110}O$ näher erforscht ist. Es hat eine blaßgelbe Farbe, hartwachsartigen Habitus, schmilzt bei 96 bis 97 °C und besitzt eine COZ von etwa 70, eine Refraktion von $n_D^{100} = 1{,}4384$ und ein Mol.-Gew. (Rast) von etwa 780. Eine bemerkenswerte Eigenschaft des Montanons ist sein starkes Retentionsvermögen für Öle und Lösungsmittel.

In Tafel 2 sind die Kennzahlen eines westelbischen Braunkohlen-Bitumens (Rohmontanwachses) nach PRESTING, STEINBACH und KEIL zusammengestellt.

Tafel 2 Kennzahlen eines Braunkohlen-Bitumens

Elementaranalyse		
	C %	79,00
	H %	12,00
	S %	1,20
	N %	0,20
	O %	7,87
Asche	%	0,36
Benzolunlösliches	%	0,1
SZ		32,1
EZ		48,1
VZ		84,2
COZ		2,6
Harzgehalt nach GRAEFE	%	14,0
Dichte	d_4^{20}	1,03
Erst.-Pkt. (rot. Thermometer)	°C	78,0
Tropfpunkt (Ubbelohde)	°C	85,0

Bei einem Montanharz wurde folgende Stoffgruppenzusammensetzung ermittelt:

Saure Anteile	56,7 %		
davon		Harzsäuren	27,5 %
		Oxyharzsäuren (Laktone, Anhydride)	29,2 %
Neutrale Anteile	43,3 %		
davon		Terpene, Polyterpene	32,5 %
		Terpen-Polyterpenalkohole (Sterine über 1 %)	10,8 %

In Tafel 3 sind die Kennzahlen von zwei Montanharzen angegeben.

Tafel 3. Kennzahlen von zwei Montanharzen aus Braunkohlen

Elementaranalyse			
	C %	76,36	78,30
	H %	9,28	10,10
	S %	2,48	1,00
(Diff.)	O %	11,38	10,42
Asche	%	0,50	–
SZ		33,0	10,0
VZ		73,0	85,6
OHZ		68,6	49,0
JZ		77,9	–
Dichte	d_4^{20}	1,0855	–
Refraktion	n_D^{95}	1,5318	–
Tropfpunkt	°C	75	54,5

Die kräftige rote bis braunrote Farbe der Montanharze ist konstitutionell bedingt, so daß es nicht möglich ist, sie durch Adsorptionsmittel oder dergl. zu entfernen.

Die Wachs- und Harzsäuren sind zu einem Teil an Aschenbestandteile gebunden, liegen also teilweise als Metallseifen vor. Nach PRESTING und STEINBACH ist das Braunkohlenbitumen (Rohmontanwachs) ein disperses System von in Wachs- und Harzkörpern eingebetteten Metallseifen.

Die bitumenreichste Schwelkohle war früher der Pyropissit, der einen Bitumengehalt bis zu 70 % auf wasserfreie Kohle hatte. Nachdem die Pyropissit-Vorkommen seit vielen Jahrzehnten restlos abgebaut sind, enthalten die heutigen Schwelkohlen meist unter 15 % Bitumen. Auch das Verhältnis von Wachs zu Harz in den einzelnen Kohlen ist wechselnd. Im Bitumen aus westelbischen Braunkohlen beträgt der Wachsanteil 85 bis 70 %, der Harzanteil 15 bis 30 %. Im Bitumen aus ostelbischen Braunkohlen ist der Harzanteil höher und steigt bei einigen Vorkommen bis zu 80 %.

Das Bitumen ist in Benzol-Alkohol-Gemischen löslich, während ein anderer Teil der organischen Substanz der Braunkohle in solchen Gemischen überwiegend unlöslich ist. Letzterer wird unter dem Begriff „Huminstoffe" zusammengefaßt. Der charakteristische Bestandteil der Huminstoffe sind die Huminsäuren, braungefärbte hydrophyle Kolloide, die sich in Alkali lösen und aus diesen Lösungen mit Säuren wieder ausgefällt werden können. Sie bestehen aus 54 bis 69 % C, 3,3 bis 5,5 % H und 30 bis 40 % O. Ob Schwefel und Stickstoff als stark adsorbierte Verunreinigungen oder in chemischer Bindung vorliegen, ist bisher nicht völlig geklärt. Ebenso ist noch fraglich, ob natürliche Huminsäuren als einheitliche Verbindungen anzusehen sind oder ob sie Gemische von einander ähnlichen Stoffen darstellen. W. FUCHS hat ein Strukturmodell der Huminsäuren entworfen, das dem des Lignins (Bild 1) ähnlich ist. Es zeigt doppelt oder

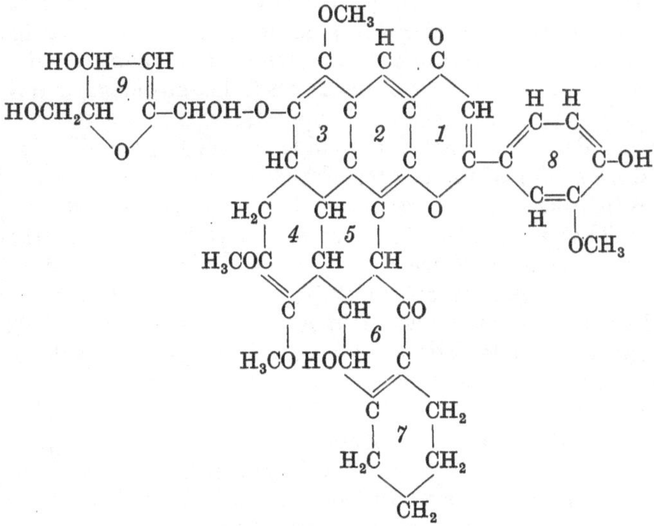

Bild 1 Statistisches Modell des Lignins
(W. FUCHS: Brennstoff-Chemie, 1955, S. 357)

mehrfach verknüpfte Benzolringe, die durch Carboxyl- und Hydroxylgruppen gekennzeichnet sind. H. THIELE und H. KETTNER nehmen Ringe von Benzol, Naphthalin, Anthracen, Pyrrol, Furan und Indol als Kerne an, die durch Sauerstoff-, Stickstoff-, Kohlenstoff- und Schwefelbrücken miteinander verknüpft sind. Am Kern befinden sich eine oder mehrere reaktive Gruppen; OH-Gruppen sind immer dabei, während COOH-, OCH_3-, NH_2-, SO_3H- und andere Gruppen vorkommen können. Das Mol.-Gew. der Huminsäuren bewegt sich zwischen 1000 und 1400. Es sind aber auch bedeutend niedrigere Werte gefunden worden.

Der Huminsäuregehalt der verschiedenen Braunkohlen unterliegt großen Schwankungen. Erdige Weichbraunkohlen können, auf Trockenkohle gerechnet, bis 80 % alkalilösliche Huminsäuren enthalten. Die höchsten Werte wurden in den Niederlausitzer xylitischen Kohlen festgestellt. Hartbraunkohlen dagegen enthalten nur wenige Prozente Huminsäuren. Die Huminsäuren kommen in den Kohlen teilweise frei, teilweise als Calcium-, Magnesium-, Aluminium-, Eisen- und Mangansalze vor.

In der Genese der Braunkohle ist das L i g n i n die Vorstufe zu den Huminsäuren. Im Gegensatz zu letzteren ist es in Alkali nur wenig löslich. Lignin ist allein in solchen xylitischen Braunkohlen vorhanden, die noch holzige Bestandteile mit sich führen. In derartigen Kohlen kann der Ligningehalt bis zu 25 % betragen. Auch für das Lignin steht bis heute nicht fest, ob es eine einheitliche Substanz ist. W. FUCHS nimmt das Vorliegen einer solchen an. Er hat für das Lignin ein statistisches Strukturmodell entworfen, das in der Hauptsache ein kondensiertes System von benzolischen Sauerstoffringen zeigt (Bild 1).

In manchen Braunkohlen finden sich außer den genannten Hauptbestandteilen geringe Mengen Cellulose sowie Chlorophyll- und Häminderivate.

Der A s c h e n g e h a l t der meisten Braunkohlen bewegt sich zwischen 5 und 10 %, doch gibt es auch Kohlen, die bedeutend mehr oder auch weniger Asche enthalten. Folgende Mineralstoffe wurden in Braunkohlen gefunden: Aluminium, Silizium, Calcium, Eisen, Magnesium, Kalium, Natrium, Mangan und einige Spurenelemente, z. B. Bor und Titan. Sie kommen in Form von Silikaten, Carbonaten, Sulfiden, Sulfaten, Chloriden, Phosphaten sowie Salzen der Huminsäuren, Wachs- und Harzsäuren vor. Die Braunkohle hat infolge ihres Kapillargefüges einen wesentlich höheren Wassergehalt als die Steinkohle. Stark wasserhaltig sind vor allem die mitteldeutschen und ostelbischen erdigen Braunkohlen, bei denen Werte von 50 bis 60 % Wasser nichts Seltenes sind. Hartbraunkohlen enthalten dagegen nur 18 bis maximal 40 % Wasser. An Gasen können Methan, Kohlendioxyd, Stickstoff und Schwefelwasserstoff in Braunkohlen vorhanden sein.

Die Braunkohle besteht demnach aus drei Hauptkomponenten:

1. Dem benzollöslichen Bitumen (Wachse, Harze, Kohlenwasserstoffe);
2. den benzolunlöslichen, aber alkalilöslichen Huminsäuren;
3. dem benzolunlöslichen und alkaliunlöslichen Lignin; dazu kommt als 4. Hauptkomponente:
4. die Restkohle.

Unter der „Restkohle" versteht man den Anteil, der verbleibt, wenn man das normale Bitumen und die alkalilöslichen Huminsäuren aus der Braunkohle entfernt hat. In der Restkohle ist also auch das Lignin enthalten. Sie enthält ferner Cellulose und Huminsäuren, deren Alkalisalze in Wasser nicht löslich sind und die STACH als Meta-Gel-Huminsäuren bezeichnet hat. Ein weiterer Bestandteil der Restkohle ist das sog. Polymerbitumen oder Bitumen *B*, das sich in siedenden Lösungsmitteln unter normalen Bedingungen nicht löst, sondern erst unter erhöhtem Druck und Temperaturen von 250 bis 260 °C in Benzol in Lösung geht.

Die heutigen Schwelkohlen enthalten, bezogen auf wasser- und aschenfreie Substanz, 60 bis 70 % C (Kohlenstoff), 5 bis 8 % H (Wasserstoff), 0,5 bis 1,25 % N (Stickstoff), 0,5 bis 3 % S (Schwefel) und 18 bis 30 % O (Sauerstoff). Der C-Gehalt steigt im allgemeinen mit zunehmendem Gehalt an Bitumen und zunehmendem Alter der Kohle, der H-Gehalt mit zunehmendem Gehalt an Bitumen. Die mitteldeutschen Braunkohlen sind schwefelreicher als die ostelbischen, während im N-Gehalt keine wesentlichen Unterschiede bestehen. Der O-Gehalt liegt in den ostelbischen Kohlen höher. Der Sauerstoffgehalt übt einen großen Einfluß auf die Zusammensetzung der Teere und der Entgasungsprodukte aus. Je mehr Sauerstoff in der Kohle ist, um so mehr CO und CO_2 enthält das Schwelgas und um so mehr saure Bestandteile enthält der Teer.

In Tafel 4 sind die Kennzahlen von zwei Einsatzbriketts für die Entgasung zusammengestellt. Für das mitteldeutsche Schwelbrikett ist der hohe Teergehalt, der hohe Schwefelgehalt und der relativ nicht so hohe Sauerstoffgehalt kennzeichnend, während das ostelbische Brikett durch niedrigen Aschengehalt, niedrigen Teergehalt und hohen Sauerstoffgehalt gekennzeichnet ist. Der Gehalt an flüchtigem Schwefel ist bei dem ostelbischen Brikett nicht besonders angegeben. Er beträgt etwa 0,5 %, ist also bedeutend geringer als der des mitteldeutschen Briketts.

Tafel 4 Kennzahlen von Einsatzbriketts für die Entgasung

		Westelbische	Ostelbische
Brennbare Substanz	%	73,6	83,8
Asche	%	9,9	5,0
Wasser	%	16,5	11,2
Gesamtschwefel	%	3,47	–
Aschenschwefel	%	1,65	–
flüchtiger Schwefel	%	1,82	–
Teer	%	15,5	7,7
Schwelwasser	%	21,5	53,8
Koks	%	48,2	53,8
Gase und Verluste	%	14,8	17,3
Kohlenstoff	%	52,90	56,18
Wasserstoff	%	4,64	4,21
Schwefel flüchtig	%	1,81	23,34
Stickstoff und Sauerstoff	%	14,23	

2.2. Die Teerbildung bei der thermischen Behandlung der Braunkohle

Die trockene Destillation von Brennstoffen ist ein sehr verwickelter Prozeß, bei dem sich zahlreiche Vorgänge überlagern. Man hat daher nur verhältnismäßig undeutliche Vorstellungen von den sich dabei abspielenden chemischen Reaktionen. Es wird vermutet, daß die thermische Spaltung anfangs unter Entstehung kleiner reaktionsfähiger Teilchen erfolgt, die schnell zu höher molekularen Verbindungen weiterreagieren. Diese Komplexe werden bei höheren Temperaturen wieder zerlegt, und erst in einem allmählich fortschreitenden Aufbauprozeß wird im wesentlichen Teer gebildet. Bei Temperaturen von 120 bis 200 °C wird zunächst das Feuchtigkeitswasser ausgetrieben. Bei weiterem Erhitzen, und zwar bei jungen huminsäurereichen Braunkohlen um etwa 250 °C, setzt dann eine Abspaltung von Sauerstoff aus den Hydroxyl-, Carboxyl- und Methoxylgruppen in Form von Konstitutionswasser und Kohlendioxyd sowie von Schwefel in Form von Schwefelwasserstoff ein. Diese Vorgänge erreichen bei 350 bis 400 °C ihr Maximum. Bei etwa 300 °C treten die ersten teerigen Produkte aus dem Kohlenkorn aus. Die mit reichlicher Teerbildung verbundene eigentliche Zersetzung der Braunkohle fängt jedoch erst bei etwa 400 °C an. Dann aber destilliert in dem relativ engen Temperaturintervall von 400 bis höchstens 520 °C aller Teer bis auf einen im Koks verbleibenden kleinen Rest über. Nach üblichen Anschauungen ist die Teerbildung bei etwa 520 °C beendet. Als Teerbildner kommen alle drei organischen Hauptkomponenten der Braunkohle in Betracht, nämlich das benzollösliche Bitumen, die alkalilöslichen Huminsäuren und die Restkohle.

Aus dem Bitumen destillieren zunächst Kohlenwasserstoffe, freie Wachsalkohole, Wachssäuren und Harzsäuren ab. In erster Linie werden aber die Ester des Wachsbitumens gespalten, wobei neben Kohlendioxyd und

Wasser Wachssäuren und Wachsalkohole entstehen. Ein Teil der Wachssäuren geht unter Decarboxylierung, also wieder unter CO_2-Abspaltung, in Paraffine über, und zwar reichen die entstehenden Kohlenwasserstoffe von den niedermolekularen flüssigen Gliedern der Paraffinreihe bis zu den Weich- und Hartparaffinen mit 20 bis 30 oder noch mehr C-Atomen und Schmelzpunkten von + 30 bis + 60 °C. Aus einem anderen Teil der Wachssäuren bilden sich Olefine und niedrige Fettsäuren. Weitere Wachssäuren werden ketonisiert, was zur Folge hat, daß die Teere stets Ketone enthalten. Bei höheren Temperaturen (über 400 °C) geht ein Teil der Ketone in Isoparaffine und Olefine über.

Nach PRESTING und Mitarb. spielen sich im einzelnen folgende Hauptreaktionen bei der thermischen Behandlung des Wachsbitumens ab:

Decarboxylierung (Paraffinbildung):

$$R{-}COOH \text{ (Wachssäuren)} \rightarrow RH + CO_2$$

Esterspaltung (Bildung von Olefinen und Ketonen):

$$2R{-}COOCH_2CH_2{-}R'$$
$$\rightarrow RCOR + CH_2{=}CH{-}R' + CO_2 + H_2O$$

Ketonisierung (wird durch FeO aus der Asche katalysiert und führt über die Eisenseifen):

$$2R{-}COOH + FeO \rightarrow Fe(R{-}COO)_2 + H_2O$$
$$Fe(R{-}COO)_2 \rightarrow R{-}CO{-}R + CO_2 + FeO$$

Olefinspaltung der Wachssäuren (Bildung von Olefinen und niedrigen Fettsäuren):

$$R'{-}CH_2 \cdot CH_2 \cdot CH_2 \cdot COOH$$
$$\rightarrow R'{=}CH_2 + CH_3 \cdot CH_2 \cdot COOH$$

Aus dem Harzanteil des Bitumens werden bei der Destillation nur wenige Paraffine gebildet, dafür aber flüssige Öle, in denen ungesättigte Verbindungen die Hauptrolle spielen. Nach der Struktur handelt es sich vorwiegend um cyclische Verbindungen, wobei zu einem kleinen Teil auch gesättigte Naphthene vorkommen. Die Destillate der Harzbitumen enthalten außerdem Kreosote (Phenole und Carbonsäuren).

Ungeklärt ist bis heute, wie sich die Huminsäuren bezüglich der Teerbildung verhalten. Im allgemeinen wird auf Grund älterer Forschungen angenommen, daß diese Hauptkomponente der Braunkohle bei der trockenen Destillation vorwiegend in Koks und Gase zerfällt und nur in untergeordnetem Maße an der Teerbildung beteiligt ist. Nach älteren Untersuchungen von ERDMANN zersetzen sich die Huminsäuren zwischen 250 und 300 °C unter Entwicklung von CO_2 und Methan, und erst bei viel höheren Temperaturen destillieren Phenole und flüssiger Teer über.

Sowohl Cellulose als auch Lignin sind als Teerbildner anzusehen, und zwar bildet die Cellulose mehr Teer als das Lignin. Beide Teere enthalten neutrale und saure Bestandteile, doch überwiegen in dem Teer aus Cellulose die neutralen Verbindungen, während in dem Teer aus Lignin die sauren stärker vertreten sind. Im Destillat des Lignins kommen neben aromatischen Kohlenwasserstoffen und Phenolen Methanol und Aceton vor.

Der Braunkohlenteer entsteht demnach aus dem Bitumen und aus den xylitischen Anteilen der Braunkohle. Wachsbitumen liefert spezifisch leichteren Teer mit höherem Paraffin- und geringerem Kreosotgehalt. Dieser Teer ist geschätzter als Teer aus deutlich xylitischen Kohlen, der spezifisch schwerer, paraffinärmer und kreosotreicher zu sein pflegt. Es gibt auch Braunkohlen, die einen hohen Teergehalt einem hohen Gehalt an Harzbitumen verdanken. Derartige Kohlen liefern saure, kreosotreiche Teere mit einem geringen Paraffingehalt.

Die mineralischen Bestandteile der Kohle können beim Erhitzen verdampfen, sublimieren oder sich zersetzen. Es kann auch der Fall eintreten, daß Aschenanteile oder deren Zersetzungsprodukte bei höheren Temperaturen miteinander reagieren. Für die Verschwelung, Verkokung und Vergasung ist besonders die wasserlösliche Asche wichtig. Enthält die Asche mehr als 10 % Wasserlösliches, vor allem NaCl und Na_2SO_4, so hat dieses eine erhebliche Erniedrigung des Aschenschmelzpunktes zur Folge, auf welche Weise die Schlackenbildung in Gaserzeugern gefördert wird. Eine Mischung von NaCl und Na_2SO_4 schmilzt beispielsweise schon bei 623 °C und Na_2SO_4 und SiO_2 bilden ebenfalls eine leicht schmelzende Verbindung. In welchem Maße die Aschenbestandteile die einzelnen Vorgänge bei der Entgasung oder Vergasung, besonders die Gasbildung, Teer, Crackung usw., katalytisch beeinflussen, ist bis heute unbekannt. Kohlen mit größerem Schwefelgehalt, besonders mit viel organisch gebundenem Schwefel, sind in jedem Falle unerwünscht. Aus solchen Kohlen resultieren schwefelreiche Teere und Teeröle, deren Aufarbeitung schwieriger und kostspieliger ist. Schwefelreiche Leichtöle verursachen bei der Hydrierung einen großen Wasserstoff-Verschleiß.

Die eingangs erwähnte Unterteilung der Entgasungsprozesse in Tieftemperaturverkokung (Schwelung) und Hochtemperaturverkokung wies bereits darauf hin, daß die kennzeichnende und unterscheidende Eigenschaft der thermischen Kohleveredelung die Temperatur ist. Für jedes Verfahren und für jede Kohle ist eine bestimmte Temperaturhöhe notwendig, bei deren Überschreitung aber die Ausbeute an Teer herabgesetzt und die Beschaffenheit des Teeres verändert wird. Bei hohen Temperaturen geht die Teerausbeute zugunsten der Gasbildung zurück. Die Teerbeschaffenheit ändert sich insofern, als paraffinische Kohlenwasserstoffe in kleinere Spaltstücke zerlegt werden, wodurch die Leichtölausbeute zunimmt. In einem normalen Schwelteer aus Braunkohle sind kaum Spuren von Naphthalin vorhanden. In einem thermisch gekrackten, also bei zu hohen Temperaturen gewonnenen Schwelteer, sind dagegen Naphthalin und Anthracen stets nachweisbar. Sie sind aus kleinen Spaltstücken als ringförmige Kohlenwasserstoffe sekundär entstanden. Bei starker Krackung entsteht Kohlenstoff, der eine Graphitierung des Kokses bewirkt und damit seine Zündfähigkeit, seine Reaktionsfähigkeit und seine Porosität herabsetzt. Die Zersetzung der Kohle und das Herausdestillieren des Teeres ist nicht allein eine Funktion der Temperatur, sondern auch eine Funktion des Temperaturzeitverlaufes im Verkokungsmaterial. Zu kurz bemessene Entgasungszeiten haben dadurch kleine Minderungen der Teerausbeute zur Folge, so daß noch Teerbestandteile im Koks verbleiben. Andererseits können niedrige Ofentemperaturen durch verlängerte Entgasungszeiten etwas ausgeglichen werden. Im praktischen Betriebe müssen Entgasungstemperaturen und Entgasungsdauer sowie damit zusammenhängend der Durchsatz der Verkokungsapparatur sorgfältig gegeneinander abgestimmt werden.

An dieser Stelle seien Versuche einiger Forscher über die Destillation von Braunkohle bei verschiedenen Drücken kurz erwähnt. Unter Vakuum wurden gegenüber der Destillation bei gewöhnlichem Druck etwas größere Teerausbeuten und Teere erhalten, in denen die Bitumenanteile weniger stark zersetzt waren. Bei erhöhtem Gasdruck trat dagegen eine Verminderung der Teerausbeute sowie eine Erhöhung der Gas- und Koksausbeute ein. Aus Braunkohle, die unter einem Druck von 15 bis 20 at verschwelt worden war, resultierte kein eigentlicher Schwelteer, sondern ein Gemisch von Leichtöl und Schweröl. Auf die Entstehung und Eigenschaften des Teeres haben auch Körnung und Porosität der Kohle einen maßgeblichen Einfluß. Je einheitlicher die Körnung des Verkokungsmaterials ist, desto gleichmäßiger ist der Gasdurchgang, die Wärmeübertragung und die Entteerung. Bei unterschiedlicher Korngröße ist vor allem der Grad der Entteerung ganz verschieden. Während das feinere

Korn bereits völlig entgast ist, zeigt Grobkorn im Innern noch unvollständig entteerte, braune Stellen. Besitzt eine Braunkohle zu feine Kapillaren oder ist das ursprüngliche Kapillargefüge durch Fehler bei der Trocknung oder Brikettierung zerstört worden, so können die Teerdämpfe aus den inneren Hohlräumen nur langsam entweichen und bleiben zu lange im Bereich überhitzter Randzonen des Kohlenstücks oder Briketts. In solchen Fällen tritt eine Überhitzung und Aufspaltung der Teerdämpfe ein. Zu feine Kapillaren und zu lange Kapillarwege in größeren Kohlenstücken oder Briketts können ferner Teerzersetzungen und damit Minderungen der Teerausbeute sowie Veränderungen der Teerqualität verursachen, weil die Spülgase in diesem Falle die Teerdämpfe aus den Kapillaren nicht schnell genug hinausspülen können.

Bei Heizflächenöfen kann eine gleichmäßige Entteerung und auch bessere Wärmeübertragung dadurch erzielt werden, daß die Kohle ständig gewendet und bewegt wird, wobei stets neue Oberflächenteile der Kohle mit der Heizfläche in Berührung kommen.

Durch Wasserdampf wird der Partialdruck der Teerdämpfe und damit die Verdampfungstemperatur bei der Teerbindung herabgesetzt. Hört die Wasserdampfbildung auf, weil alles Wasser aus der Kohle ausgetrieben ist, so ist eine stärkere Spaltung der in den Dämpfen enthaltenen Kohlenwasserstoffe möglich, die schließlich bis zur Bildung von Kohlenstoff führen kann. Den Teildruck kann man auch durch Verdünnung der Teerdämpfe mit Spülgasen erniedrigen und damit die Teerentbindungsvorgänge erleichtern. Hierauf beruht einer der Vorzüge der Spülgasschwelung. Ob bei der Entteerung der Braunkohle durch überlagernde Wassergasreaktionen Wasserstoff entsteht, der, gegebenenfalls unter dem Einfluß katalytisch wirkender Aschenbestandteile, in Bildung begriffene organische Moleküle hydriert, ist fraglich. Möglich sind solche Hydrierungen nur bei höheren Temperaturen, wie sie, wenigstens bei der Schwelung, in modernen Öfen nicht auftreten.

3. Die Technologie der Braunkohlenteererzeugung

3.1. Die Schwelung

In der Anfangszeit der chemischen Braunkohlenveredelung (etwa 1850 bis 1860) erfolgte die Schwelung in liegenden gußeisernen Retorten, die von außen beheizt wurden. Ihre Nachteile waren große Schichtdicke, fehlende Umlagerung der Kohle, schlechte Wärmeübertragung und im ganzen sehr geringe Leistung. Sie wurden daher, beginnend in den 60er Jahren, durch stehende Retorten, die sog. Rolle-Öfen (Erfinder: Dr. Carl Eduard Rolle, 1829 bis 1875) ersetzt. Die Rolle-Öfen, von denen meist 10 bis 12 zu einer Batterie zusammengefaßt waren, bestanden aus einem Schamottezylinder von ursprünglich 4 m, später bis 14 m Höhe, 1570 mm lichter Weite und 100 m Steinstärke, die in einem gewissen Abstand von einem zweiten gemauerten Zylinder umgeben waren. Auf diese Weise wurden ringförmige Heizzüge gebildet, durch die die Heizgase auf ihrem Weg von unten nach oben einen Zickzackweg um den Schwelzylinder nehmen mußten. Die Beheizung erfolgte durch entteerte Schwelgase. Da deren Menge aber nicht ausreichte, war zusätzlich noch eine Planrostfeuerung für Rohbraunkohle eingebaut. Um die Kohle in dünner gleichmäßiger Schicht an der inneren Retortenwand herabgleiten zu lassen, enthielt der Ofen einen zylindrischen Einbau aus gußeisernen Glocken, deren Durchmesser 80 bis 100 mm geringer war als die lichte Weite des Retortenzylinders, so daß zwischen Einbau und Zylinderwand ein Ringraum entsprechender Weite vorhanden war, der dem Durchgang der Kohle diente. Der Rolle-Ofen hatte im Vergleich zu den ersten Schwelretorten den Vorteil besserer Wärmeökonomie, leichterer Bedienung, Ersparnis an Handarbeit, langer Lebensdauer und Unempfindlichkeit gegenüber wechselnder physikalischer Beschaffenheit der Kohle. Es besaß auf der anderen Seite aber noch verschiedene Nachteile, von denen besonders die mangelhafte Wärmeübertragung, verursacht durch die schlechte Wärmeleitfähigkeit der Schamottesteine und der sich nur wenig bewegenden Kohlenschicht, zu nennen ist. Aus diesem Grunde mußten in der Hauptschwelzone (unterer und mittlerer Rundzug) Temperaturen von etwa 900 bis 700 °C gehalten werden, was starke thermische Teerzersetzungen zur Folge hatte. Infolgedessen betrug die Teerausbeute bei diesem Schwelverfahren, das man genau genommen schon zur Mitteltemperaturverkokung rechnen müßte, nur 55 bis 60 %, bezogen auf den analytisch ermittelten Teergehalt der Kohle. Daß die Gesamtwärmeökonomie der Rolle-Öfen gut war lag daran, daß ungetrocknete Rohkohle verschwelt und dadurch die Wärme der Heizgase in den oberen Zügen vorzüglich ausgenutzt wurde. Hierauf war aber die mangelhafte Durchsatzleistung der Rolle-Öfen zurückzuführen, da etwa zwei Drittel des Apparates als Trockner diente und nur das letzte Drittel als Schweler arbeitete. Später wurden aus diesem Grunde auch in den Rolle-Öfen vorwiegend vorgetrocknete Braunkohle oder Briketts eingesetzt. Auf diese Weise konnten die Leistungen gesteigert werden. Trotzdem hat sich diese Ofenbauart, die der mitteldeutschen Braunkohlenindustrie fast 70 Jahre ihr Gepräge gab, nicht mehr halten können. Neubauten wurden seit Beginn der 20er Jahre nicht mehr vorgenommen, 1952 wurden die letzten Rolle-Öfen stillgelegt.

Ein bedeutender Fortschritt auf dem Gebiet der Schwelretorten war der Mitte der 20er Jahre eingeführte Kosag-Geißen-Schwelofen (Bild 2), ein senkrechter Drehofen mit Heizflächenschwelung für vorgetrocknete Braunkohle mit 15 bis 18 % Wassergehalt. Er besteht aus einem Gußzylinder aus Perliteisen mit wellenförmiger Wandung, der in 3 Minuten etwa 1 Umdrehung macht. Dieser ist von einem feststehenden Zylinder mit Rippen, die in die Wellen des ersten Zylinders eingreifen, umgeben.

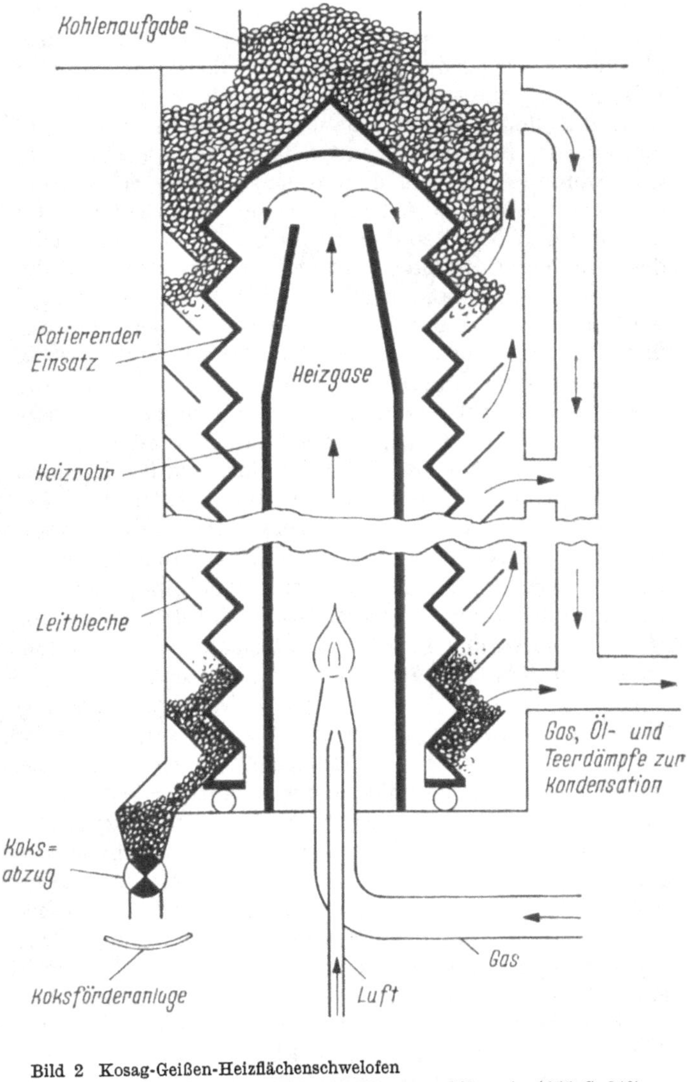

Bild 2 Kosag-Geißen-Heizflächenschwelofen
(H. MUNDERLOH: Braunkohle, Wärme und Energie, 1955, S. 340)

Es wird so ein gewundener Ringraum gebildet, in dem die Kohle herabrieselt, wobei sie dauernd umgelagert wird, also immer wieder andere Teile ihrer Oberfläche mit dem beheizten Zylinder in Berührung kommen. In dem gewellten Zylinder ist ein Schamottezylinder eingebaut, in den eine Gasflamme von unten hereinbrennt. Die Heizgase werden über dem oberen Ende dieses Schamotterohres umgelenkt, streichen an seiner Außenseite wieder herunter und bespülen damit gleichzeitig die Innenfläche des rotierenden Zylinders, durch den die Wärme auf die an seiner Außenwand herabrieselnde Kohle übertragen wird. Wärmeökonomisch ist der Kosag-Geißen-Ofen dadurch günstiger als der Rolle-Ofen, daß die Verbrennung der Heizgase im Innern des Ofens erfolgt und damit die Abstrahlungsverluste verhältnismäßig gering sind. Trotzdem ist der Ofen mit einem gut isolierten Mantel umgeben. Die Kohle wird in den Schweler oben stetig eingefüllt und der Schwelkoks unten durch einen Abstreicher ausgetragen. Die Kosag-Geißen-Schwelöfen haben einen Durchmesser von etwa 2,2 m und eine Höhe von etwa 7,5 m, wobei der Kohledurchsatz nach JAHN 1550 kg/h beträgt. 1938 waren von dieser Bauart 35 Öfen in Betrieb. Heute arbeiten nur noch im VEB Gölzau bei Köthen und im Schwelkraftwerk Wölfersheim einige Öfen.

Eine etwa 1935 herausgebrachte Weiterentwicklung des Kosag-Schwelers ist der Borsig-Geißen-Schwelofen, der bei stark vermindertem Eigengewicht eine relativ höhere Ofenraumbelastung zuläßt. Er besteht im wesentlichen aus zwei konzentrisch angeordneten zylindrischen stehenden Hohlkörpern, von denen der innere als glattes, sich mit 3 Umdrehungen je Minute drehendes Rohr und der äußere mit einem Abstand von 15 bis 20 mm als feststehender „Rieselkörper" mit zahlreichen kegelförmigen Rutschflächen ausgebildet ist. Der umlaufende Zylinder von etwa 400 mm Durchmesser und 9,5 m Höhe ist aus Sikromal, einer Silicium-, Chrom-, Aluminium-Legierung, der Rieselkörper aus Gußeisen verfertigt. Der Kohlendurchsatz eines solchen Borsig-Ofens wurde von A. JAHN zu 1310 kg/h ermittelt. Der Ofen wird durch einen oben eingesetzten Brenner mit gereinigtem Schwelgas beheizt. Die Gase durchströmen das Innere des Schwelers im Gegensatz zum Kosag-Ofen zunächst von oben nach unten, also im Gleichstrom mit der Kohle. Dabei wird die Strömungsgeschwindigkeit der Heizgase durch einen von unten in das Sikromalrohr eingeführten, außen mit Spiralrippen versehenen keramischen Körper erhöht. Die am unteren Ende des Ofens austretenden Gase werden durch eine Rohrverbindung dem stark isolierten Außenmantel des Ofens zugeleitet und nach oben hin abgesaugt. Sie beheizen den Schwelraum mithin nochmals von außen, wobei sie sich jetzt im Gegenstrom zur Kohle bewegen. Die Vorgänge in einem Retortenofen verlaufen um so günstiger, je dünner die Kohlenschicht und je kürzer der Wärmeweg ist, um die Beschickung zu durchdringen. Hatte die Schwelschicht im Rolle-Ofen eine Stärke von 80 bis 100 mm, im Kosag-Ofen von etwa 50 mm, so beträgt sie im Borsig-Geißen nur 15 bis 20 mm. Im letztgenannten Ofen ist damit das Prinzip der Schwelung in dünner Schicht bei stetiger Umwälzung der Kohle verwirklicht. Die Kohle bewegt sich in dem schmalen zwischen Sikromal-Schwelrohr und gußeisernem Rieselkörper gebildeten Ringspalt nach unten, wobei die in Schraubenlinien verlaufende Abwärtsbewegung des einzelnen Kohlenkorns durch die feststehenden Rieselflächen immer wieder unterbrochen wird, so daß eine dauernde Umwälzung der Kohle auf ihrem Weg durch den Ofen stattfindet. Diese Anordnung ermöglicht die Schwelung feinkörniger, staubhaltiger Kohle, also einer Kohle, deren Aufbereitung relativ billig ist. Wesentlich ist ferner die Anwendung des Gleichstrom-Gegenstrom-Prinzips bei der Beheizung. Bei dem anfänglichen Gleichstrom treffen die heißesten Gase mit der kältesten, noch wasserhaltigen Kohle zusammen, so daß infolge der Wärmebindung durch Verdampfung von Wasser eine schädliche Überhitzung der Heizfläche und der Kohle vermieden wird. Im Gebiete der niedrigeren Heizgastemperaturen wird dagegen der für die Wärmeübertragung vorteilhafte Gegenstrom angewendet. Zu der zweckmäßigen Konstruktion des Ofens kommt die Verwendung feinkörniger lockerer Trockenkohle, aus der Schweldämpfe und Schwelgase leicht und schnell entweichen können, weil die Kapillarwege des einzelnen Kohlenkorns nur kurz sind und so eine Krakkung der Teerdämpfe durch Überhitzung vermieden wird. Die Folge der Bauart und der Betriebsweise des Borsig-Geißen-Ofens ist eine schonende Schwelung, die sich in einer hohen Teerausbeute und in einer relativ geringen Leichtölausbeute äußert. Während die Teerausbeuten einschl. Leichtöl im Rolle-Ofen bei Verschwelung von Rohbraunkohle etwa 58 % und von Braunkohlenbriketts etwa 66 % betrugen, wurden die Ausbeuten an Teer ohne Leichtöl von A. Jahn beim Kosag-Ofen zu 91,8 % und beim Borsig-Geißen-Ofen zu 115,8 %, bezogen auf die Schwelprobe nach Fischer-Schrader, ermittelt. Mit dem Borsig-Geißen-Ofen sind also Teerausbeuten erzielbar, wie sie von keinem anderen Schwelsystem, auch nicht von der Spülgasschwelung, erreicht werden. Die Leichtölausbeute betrug nach Untersuchungen von A. Jahn beim Borsig-Ofen nur 3 %, beim Kosag-Ofen dagegen 14 %, bezogen auf den Teeranfall. Diese Mehrausbeute an Leichtöl ist auf thermische Zersetzung von Teerbestandteilen zurückzuführen, wodurch sich auch das geringere Teerausbringen bei dem Kosag-Ofen erklärt. Bei der thermischen Krackung des Teers werden gewisse Anteile in Gas aufgespalten, weshalb die Gasausbeuten beim Kosag-Ofen wesentlich höher sind als beim Borsig-Ofen. Trotz seiner großen Vorzüge wurde der Borsig-Geißen-Ofen nur in 28 Einheiten gebaut. Der Hauptgrund hierfür ist, daß er erst Ende der 30er Jahre fertig entwickelt war, also zu einer Zeit, als sich die Spülgasschwelung schon völlig durchgesetzt hatte. Leider ist von den Borsig-Öfen aus kriegsbedingten Gründen keiner mehr im Betrieb.

Bei den Schwelretorten findet eine mittelbare Wärmeübertragung durch die Retortenwände aus Schamotte, Eisen oder anderen Werkstoffen statt. Bei der Spülgasschwelung wird die für den Schwelprozeß erforderliche Wärme auf die Kohle dagegen unmittelbar durch Berührung mit strömenden, heißen, sauerstofffreien Gasen übertragen. Auf diese Weise wird eine schnelle, gleichmäßige und allseitige Durchwärmung und Schwelung der Kohle erreicht, wobei starke Turbulenz des Spülgases die Wärmeleitung durch Konvektion wesentlich unterstützt. Die Spülgasschwelung erfordert eine hohe Schüttung des Schwelgutes, damit die fühlbare Wärme des Spülmittels gut ausgenutzt werden kann. Es erwies sich daher als unmöglich, mulmige oder erdige Rohbraunkohle in Spülgasöfen zu verschwelen. Hierbei entstanden infolge verschieden dichter Lagerung der Kohle Kanäle, die eine gleichmäßige Entteerung verhinderten. Die Höhe der Kohlenschüttung und ihre freien Hohlräume beeinflussen auch den Winddruck, deren Erzeugung einen erheblichen Teil der Betriebskosten ausmacht. Aus diesen Gründen ging man frühzeitig dazu über, die Schwelkohle zu trocknen und zu brikettieren, um sie in dieser Form den Schwelöfen zuzuführen.

Der neuzeitlichen Spülgasschwelung geht also stets die mechanisch-thermische Kohleveredelung durch Trocknung und Brikettierung voraus. Anfangs wurden gewöhnliche Marktbriketts verwendet. Da diese beim Durchgang durch die Schwelöfen aber wieder zerfielen, wurden später in allen deutschen Schwelwerken besonders hergestellte Feinkornbriketts verwendet. Die Herstellung dieser Briketts erfolgt in der Weise, daß die Rohkohle auf eine maximale Korngröße von etwa 6 mm vorzerkleinert und dann einer Mahltrocknung (Lurgi) zugeführt wird, wo sie mit heißen Schwelgasen weitgehend getrocknet und gleichzeitig zu Staub vermahlen wird. Die Trockenkohle wird nach Abkühlung in einer Ringwalzenpresse (Krupp-Gruson) mit einem Preßdruck von 1500 bis 2000 kg/cm brikettiert. Solche Briketts behalten bei der Schwelung ihre Form bei. Es tritt lediglich eine Schrumpfung auf ungefähr $^2/_3$ ihres ursprünglichen Volumens ein. Von den verschiedenen Konstruktionen der Spülgasschweler hat sich nur der Lurgi-Ofen auf die Dauer eingeführt. Die seit 1935 erbauten Großschwelanlagen (vor allem Böhlen und Espenhain) sind ausschließlich mit Öfen des Lurgi-Systems für die Verschwelung von Briketts ausgerüstet worden. Eine Ausnahme bildet allein das Schwelwerk Most (Brüx), ČSSR, wo die dort vorkommende harte, stückige und wasserarme Braunkohle in Lurgi-Öfen verschwelt wird. Der Lurgi-Spülgasschweler (Bild 3) ist ein senkrechter Doppelschachtofen, der dadurch gekennzeichnet ist, daß das Auftrocknen der Brikettfeuchtigkeit und die Schwelung räumlich voneinander getrennt sind. Der obere Teil des Ofens enthält die Trocknungszone, in der die mit einem Wassergehalt von 12 bis 15% eintretenden Briketts durch Heizgase von etwa 250 °C auf einen Rest Wassergehalt von etwa 1% abgetrocknet werden. Die Briketts sinken dann durch die sog. „Schläuche", rohrartige Verbindungsstücke, in den Schwelschacht hinunter, der in die eigentliche Schwelzone und in die Kokskühlzone unterteilt ist. In der Schwelzone werden die Briketts durch die Spülgase, die eine Temperatur von 600 bis 750 °C besitzen, ausgeschwelt. Der Koks gleitet nun in die Kokskühlzone, wo er durch kalte Schwelgase auf etwa 200 °C abgekühlt und dann in Fördereinrichtungen ausgetragen wird. Die Trocknung und Schwelung erfolgt durch entteertes Schwelgas, und zwar gibt es zwei vollkommen getrennte Gasumläufe. Zwischen den beiden Ofenschächten liegt die Trocknerbrennkammer, in der das in großen Werken zuvor auch noch entschwefelte Schwelgas verbrannt wird. Die dabei entstehenden Verbrennungsgase, die eine Temperatur von etwa 1200 °C haben, werden in die Mischkammer gesaugt, wo sie mit Trocknerabgasen von 115 bis 130 °C auf 250 bis 300 °C abgekühlt werden. Mit dieser Temperatur dienen sie als Heizgas für die Trocknungszone. Ein Teil der Trocknerabschwaden wird über Dach abgeführt. Ein anderer Teil geht in den Trocknerkreislauf zurück. Für den Gaskreislauf für die Schwelung werden ebenfalls Destillationsgase (Schwelgas) aus der letzten Stufe der Kondensation durch Gebläse ab-

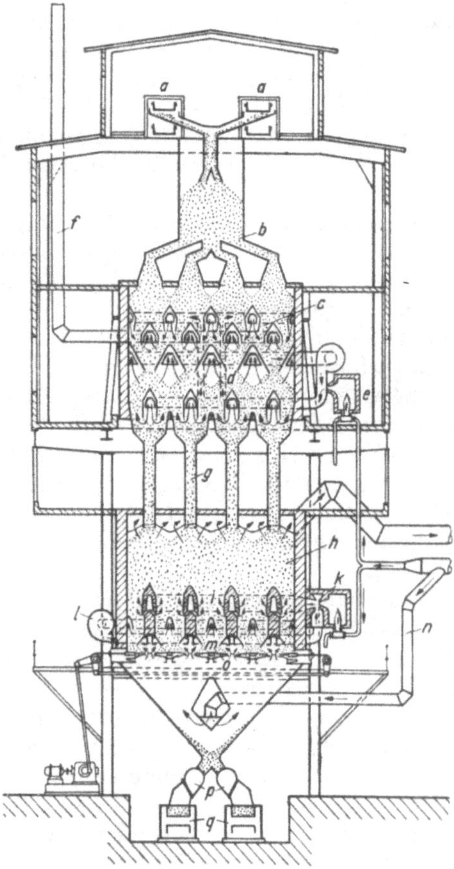

Bild 3 Lurgi-Spülgasschwelofen

a – Pendelbecherwerk; *b* – Schurrenbeschickung; *c* – Vortrocknungszone; *d* – Trockner; *e* – Verbrennungsofen; *f* – Schornstein; *g* – Verbindungsschächte; *h* – Schwelschacht; *i* – Schwelzone; *k* – Verbrennungsofen; *l* – Kühlgasgebläse; *m* – Kokskühlzone; *n* – Kühlgas; *o* – Koksaustragung; *p* – Koksschleusen; *q* – Kastenförderer gesaugt und in die Schwelerbrennkammer, die sich über dem Schwelschacht befindet, gedrückt, wo sie unter entsprechender Luftzugabe verbrannt werden. Die Verbrennungsgase gelangen in die Mischkammer, in der sie mit Gas aus der Kokskühlzone vermischt werden und so eine Temperatur von 600 bis 750 °C annehmen, um mit dieser Temperatur als Spülgase in die Schwelzone einzutreten.

Die Spülgase sind also zunächst Wärmeträger. Außerdem fördern sie durch die Erniedrigung des Partialdrucks die Teerentbindungsvorgänge und schließlich dienen sie, vermehrt um entsprechenden Wasserdampf, als Trägergas für die Aufnahme und den schnellen Abtransport der dampf- und gasförmigen Schwelerzeugnisse. Bei der Spülgasschwelung sollen auf diese Weise unerwünschte pyrogene Zersetzungen der Kohlenwasserstoffe des Teers vermieden und so ein weitgehend geschontes Teer erhalten werden. Wichtig ist, daß die Spülgase nur geringe Mengen Sauerstoff enthalten, damit Oxydationen von schweren oder Verbrennungen von leichten Teeranteilen vermieden werden.

Die Teerausbeute (einschl. Leichtöl) bei der Spülgasschwelung, bezogen auf die Schwelanalyse nach FISCHER-SCHRADER, beträgt je nach Belastung des Ofens 85 bis 90 %, die Gasausbeute etwa 80 %. Das Gas, das im Heizwert ungefähr einem Generatorgas entspricht, wird zum überwiegenden Teil zur Beheizung der Schwelöfen in den Betrieb zurückgeführt. Ein kleinerer Teil wird Stadtgas zugemischt.

Die Leistung eines Lurgi-Spülgasschwelers wurde ursprünglich mit 300 bis 350 tato Briketts angegeben. Durch einige sinnvolle Änderungen konnten die Durchsätze nach dem Kriege auf etwa 450 bis 500 tato gesteigert werden, was einer Rohkohlenmenge von mehr als 900 t entspricht. Die Hauptvorzüge des Lurgi-Verfahrens sind die außerordentlich hohe Durchsatzleistung und der geringe Wärmebedarf, der nur 250 kcal/kg Trockenkohle gegenüber 500 kcal beim Borsig-Geißen-Ofen beträgt. In letzterem

Ofen fällt aber ein Starkgas an und können die unverdünnten Teerdämpfe in einer vereinfachten Kondensation niedergeschlagen werden. Die Spülgasschwelung besitzt also gegenüber einer neuzeitlichen Retortenschwelung folgende Nachteile: Vorgeschaltete Brikettierung, starke Verdünnung der Teernebel durch die Spülgase und dadurch Erschwerung der restlosen Gewinnung der leichten Teeranteile; Anfall von Schwachgas; geringere Teerausbeute.

3.2. Die Hochtemperaturverkokung

Bei dieser Art der Entgasung der Braunkohle hat man zunächst grundsätzlich zwei Richtungen zu unterscheiden: Die Hochtemperaturverkokung mit dem Ziel der Gewinnung einer großen Menge heizkräftiger Gase, die den Stadtgasnormen entsprechen, und die Hochtemperaturverkokung mit dem Ziel der Gewinnung von metallurgischem Koks. Mit großtechnischen Versuchen zur Hochtemperaturverkokung zwecks Erzeugung von Stadtgas wurde etwa 1927 begonnen. Zunächst wurde versucht, Briketts in den üblichen Öfen, die in den mit Steinkohlen arbeitenden Gaswerken vorhanden waren, zu entgasen. Später wurden besondere Kammern entwickelt, die der Eigenart der Braunkohlenbriketts, besonders dem Volumenschwund bei der Verkokung, angepaßt waren und von denen das Bubiag-Didier-Gleichstrom-Entgasungs-Verfahren das bekannteste ist. Nach diesem Verfahren wurde in Kassel in den 30er Jahren ein Braunkohlengaswerk errichtet, das allerdings nur mehrere Jahre in Betrieb war. Das Prinzip dieses Verfahrens war, daß die bei der Entgasung primär entstandenen Gase und Dämpfe nochmals mit dem glühenden Koks zusammengebracht wurden, wobei die ursprünglichen vorwiegend aliphatischen Teerbestandteile unter entsprechender Erhöhung der Gasausbeute zersetzt wurden. Durch die sich hierbei abspielende Aufspaltung, Dehydrierung und Aromatisierung wurde eine nur kleine Menge Teer von steinkohlenteerartigem Charakter sowie ein benzolreiches Gas (15 bis 20 g Benzol je Nm^3) erhalten. Je nach den Arbeitsbedingungen, vor allem je nach den von dem Durchsatz abhängigen Kracktemperaturen und der Verweilzeit der Teerdämpfe in der Krackzone, wurden mehr oder weniger aromatenreiche Rohbenzole mit verschiedener Zusammensetzung gewonnen. Die Ausbeuten an Benzol wurden mit 5 bis 20 kg je t verkokter Briketts angegeben.

Die Hochtemperaturverkokung der Braunkohle zwecks Stadtgaserzeugung hat keine praktische Bedeutung mehr, weil heute Stadtgas aus Braunkohle auf andere Weise produziert wird. Die Verfahren scheiterten in erster Linie daran, daß das Gas, obgleich bei seiner Rückführung in den Ofen ein Teil des CO_2 zu CO reduziert wurde, noch etwa 20% und mehr Kohlensäure enthielt, zu dessen Auswaschung umfangreiche Anlagen notwendig waren. Durch den Betrieb dieser Anlagen wurde die Wirtschaftlichkeit der Verfahren stark beeinträchtigt.

Das heutige Arbeitsziel bei der Hochtemperaturverkokung der Braunkohle ist die Erzeugung eines für metallurgische Zwecke geeigneten Kokses entsprechender Härte. Die ersten diesbezüglichen Verfahren, die allerdings bisher nicht angewendet werden, arbeiteten zweistufig, d. h. die Kohle wurde in getrocknetem Zustand zunächst geschwelt, wobei ein normaler Schwelteer erhalten wurde, und erst der Schwelkoks wurde, nachdem er gemahlen und brikettiert worden war, bei Temperaturen von 1000 bis 1200 °C verkokt. Dagegen erfolgt die Verkokung nach dem Verfahren von Rammler und Bilkenroth einstufig. Hierbei werden Feinstkornbriketts aus ostelbischer aschen- und schwefelarmen Braunkohle, die auf Strangpressen hergestellt sind, in Vertikalkammeröfen mit Außenheizung bei 900 bis 1000 °C entgast. Das Verfahren wurde in einem Versuchsbetrieb entwickelt. Auf Grund der dort gesammelten Erfahrungen wurde die Großkokerei Lauchhammer gebaut, die seit 1952 täglich mehrere tausend Tonnen Braunkohlen-Hochtemperaturkoks produziert.

Die Briketts mit einem Wassergehalt von etwa 12 % werden in Vortrocknern, die über den eigentlichen Verkokungsöfen liegen, getrocknet und rutschen dann in die Kammeröfen, deren Betrieb halbkontinuierlich erfolgt. Die Heizgase bestreichen die Kammerwände von unten nach oben, so daß die Heizwandtemperaturen nach oben hin etwas abfallen. Auf diese Weise wird ein zu krasser Temperatursprung beim Übergang der Briketts aus dem Vortrockner in die Verkokungskammer vermieden. Die unterste Ofenzone wird nicht beheizt; hierdurch wird eine geringe Vorkühlung des Kokses erzielt. Der Koks wird alle $1^1/_2$ bis 2 Stunden abgezogen, trocken mittels Wälzgasen gekühlt, zur Vernichtung der Restwärme leicht überbraust und dann in die Verkaufssorten klassiert. Die Verkokungskammern sind mit Rekuperatoren für die Vorwärmung von Gas und Luft gekuppelt; die Abgase der Rekuperatoren werden als Heizgase für die Trocknung der Briketts verwendet.

Der gewonnene Teer ist kein aromatischer Hochtemperaturteer in der Art des Steinkohlenteers, sondern ein typischer Braunkohlenteer. Das hat seinen Grund in den anderen Betriebsverhältnissen und in der anderen Art der Kohle. Bei der Braunkohle fehlt der plastische Zustand, der für die Steinkohlenkoksbildung charakteristisch ist. Während bei der Steinkohlenverkokung die Teerdämpfe durch die plastischen Zonen zu dem glühenden Koks und den glühenden Ofenwänden hin gelenkt und auf diese Weise aromatisiert werden, tritt bei der Verkokung der Braunkohle kein derartiger Erweichungszustand des Kokses auf, sondern die Teerdämpfe können aus dem Brikett ungehindert abströmen. Auch die Temperaturverteilung in der Braunkohlen-Verkokungskammer ist eine andere. Die Brikettemperatur am Kammereingang beträgt etwa 120 °C und steigt in dem Maße, wie das Brikett nach unten rutscht, auf 300 und dann weiter bis auf 400 bis 600 °C. Bei diesen Temperaturen wird die Hauptmenge der Teerdämpfe entbunden, und sie werden sofort von den von unten nachströmenden Gasen nach oben, also in kühlere Bereiche, fortgetragen. Die Temperatur in der Kammer nimmt dann weiter zu und erreicht in der Höhe der Brennerdüsen schließlich 900 bis 1000 °C. Bei dieser Temperatur ist aber der Teer aus dem Brikett bis auf einen kleinen Rest ausgetrieben. Bei der Braunkohlenverkokung wird demnach nur ein ganz kleiner Teil des Teers thermisch so stark beansprucht, wie das bei der Steinkohlenverkokung bei dem ganzen Teer der Fall ist.

Bei der Hochtemperaturverkokung der Niederlausitzer Braunkohle fallen etwa 5,8 % Teerprodukte, davon 3,4 % Teer und 2,4 % Leichtöl, sowie etwa 43 % Koks, alles bezogen auf die Einsatzbriketts, an. An Gas resultieren 310 Nm^3/t Briketts, von denen etwa 36 % für die Unterfeuerung der Koksöfen in den Betrieb zurückgehen. Der Überschuß wird dem Ferngasnetz zugeführt. Der Heizwert des Gases beträgt 2850 kcal/Nm^3. Es enthält über 10 % CO_2, von dem ein Teil durch Druckwasserwäsche entfernt wird. Um den CO_2-Gehalt bis auf etwa 1 % abzusenken, ist der Bau einer Rectisol-Anlage geplant, in der die Auswaschung des Gases mittels Methanol bei Kältetemperaturen erfolgt. Als Zusatzgas für die Beheizung der Kammeröfen dient Schwachgas aus Generatoren. Der Wärmeaufwand für die Verkokung beläuft sich auf 250 kcal/kg Briketts.

3.3. Die Vergasung

Das Gas ist das Hauptprodukt bei der Vergasung der Kohle. Die Einteilung der Gaserzeugungsverfahren hat daher von der Gasseite aus zu erfolgen.

Nach dem Verwendungszweck unterscheidet man zunächst Brenngase, die als Wärmeträger in der Energiewirtschaft, im Hüttenwesen und in der eisenverarbeitenden Industrie genutzt werden, und Chemiegase, die als Rohstoffe für chemische Synthesen dienen. Nach dem Heizwert werden sie geordnet in:

Schwachgase mit 1000 bis 2000 kcal/Nm³
Mittelgase ,, 2000 ,, 3600 kcal/Nm³
Starkgase ,, 3600 ,, 5000 kcal/Nm³.

Eine weitere Ordnung gibt es nach der Verfahrensweise:

Totale Vergasung ohne Kohlewertstoffgewinnung
,, ,, mit ,,
Teilvergasung mit Koks- und Kohlewertstoffgewinnung.

Die älteste und einfachste Lösung zur Vergasung von Brennstoffen ist der zylindrische Schachtgenerator mit festem Rost oder besser mit mechanischem Austrag der Asche mittels Drehrost. Der Generator ist bis obenhin mit Kohle gefüllt und arbeitet nach dem Gegenstromprinzip, d. h. die Kohlensäule wandert, entsprechend dem Abzug der Asche, ganz langsam nach unten, wobei ihr die Gase entgegenströmen. Dabei spielen sich verschiedene Vorgänge ab, zu deren besserem Verständnis man sich den Ofen in 5 Zonen eingeteilt vorstellt:

1. Zone (Trocknungszone): In dieser wird die Kohle von den aufsteigenden heißen Gasen (250/300 °C) getrocknet, wobei sie eine Temperatur von etwa 120 °C annimmt. Das aus der Kohle verdampfte Wasser verläßt mit dem Generatorgas (Temp. 140 bis 200 °C oder noch höher) den Ofen.
2. Zone (Entgasungszone): In dieser Zone wird die getrocknete Kohle durch die fühlbare Wärme der als Spülgas wirkenden aufsteigenden Gase (Temp. etwa 600 °C) entteert und entgast. Hierbei entsteht bekanntlich auch Wasser. Der entstandene Koks rutscht nun in die
3. Zone, wo er von etwa 500 auf etwa 600 bis 700 °C vorgewärmt wird und dabei die letzten Teerreste ausgetrieben werden. Mit dieser Temperatur wandert er in die
4. Zone (Vergasungszone), in der der Kohlenstoff des Kokses bei etwa 900°C vergast wird. Die unverbrenn-

lichen Bestandteile, bei ordnungsmäßigem Generatorbetrieb vorwiegend Asche und Schlacke, sinken in die

5. Zone (Aschenzone) und wärmen in dieser das von unten durch den Rost eingeblasene Vergasungsmittel (mit Wasserdampf beladene Luft) auf etwa 1100 °C an. Um den Aschenschmelzpunkt herabzusetzen und auf diese Weise die Bildung größerer den mechanischen Austrag behindernder Schlackenbrocken zu vermeiden, ist eine hohe Sättigung der Vergasungsluft mit Wasserdampf und damit direkter Dampfzusatz zur Vergasungsluft notwendig. Asche und Schlacke werden zum Schluß in der mit Wasser gefüllten Aschenschüssel, die gleichzeitig den Generatorschacht gasdicht abschließt, abgelöscht.

In der Vergasungszone spielen sich folgende Hauptreaktionen ab: In dem über der Aschenzone liegenden Oxydationsbereich verbrennt der von oben kommende glühende Koks vollständig, und es entsteht so CO_2:

$$C + O_2 = CO_2 + 96000 \text{ kcal.}$$

Nach annähernd vollständigem Verbrauch des Sauerstoffs beginnt die Reduktion der in den heißen Verbrennungsgasen befindlichen Komponenten CO_2 und Wasserdampf:

$$C + CO_2 \rightarrow 2CO - 39000 \text{ kcal}$$

$$C + H_2O \rightarrow CO + H_2 - 30000 \text{ kcal.}$$

Als Reduktionsmittel dient der Kohlenstoff des Kokses. Die beiden letztgenannten Reaktionen sind endotherm. Ihr Wärmebedarf wird durch die primär bei der Verbrennung zu CO_2 gebildete Wärme gedeckt. Im ganzen verläuft die Generatorgasbildung aber exotherm, so daß eine Wärmezufuhr von außen nicht notwendig ist. Neben diesen Hauptreaktionen können sich auch noch Nebenreaktionen abspielen, bei denen NH_3, H_2S, SO_2 und CH_4 gebildet werden.

Von großem Einfluß auf den Betrieb der Generatoren ist die Körnung der Kohle. Mulmige Rohbraunkohle in den Schachtgeneratoren zu vergasen, ist unmöglich, weil sich Staubnester und Hohlräume bilden, die eine allseitige Durchdringung der Kohlensäule durch die aufsteigenden Gase verhindern. Es kann nur gut ausgesiebte Knorpelkohle zur Vergasung herangezogen werden. Noch besser sind Briketts und zwar kleine Formate. Derartige Briketts geben bei der Schüttung im Schacht gleichmäßige Zwischenräume und sichern damit eine gute Verteilung des Vergasungsmittels auf den Schachtquerschnitt. Sowohl Knorpelkohle als auch Briketts sind aber nur unter der Voraussetzung für die Vergasung brauchbar, daß sie im Feuer standfest sind, also in stückiger Form in die Vergasungszone des Schachtes gelangen und nicht schon vorher in Grus zerfallen. In ihren konstruktiven Grundlagen weichen die einzelnen Schachtgeneratoren nur wenig voneinander ab. Unterschiede bestehen im wesentlichen hinsichtlich der Kohlenfüllvorrichtungen, der Roste, der Aschenschüsseln, des Wassermantels und dergleichen. Teerausbeute und Teerbeschaffenheit hängen außer von der Zusammensetzung der Einsatzkohle von den Betriebsbedingungen im Generator ab. Die in der Entgasungszone ausgetriebenen und sich mit den aufsteigenden Gasen mischenden Teerdämpfe unterliegen der thermischen Zersetzung um so mehr, je höher die Temperatur im Generator steigt. Hohe Temperaturen im Generator führen also zu einer Verminderung der Teerausbeute und können mit die Ursache dafür sein, wenn ein Generatorteer in seiner Zusammensetzung stark von schonend gewonnenen Schwelteeren abweicht. Das gleiche ist bei Generatoren der Fall, bei denen der Schacht im Verhältnis zur Durchsatzleistung nicht hoch genug ist. Bei derartigen Generatoren durchwandert die Kohle die Entgasungszone so schnell, daß dort nur ein Teil des Teeres abdestilliert. Der Koks gelangt dadurch noch mit einem erheblichen Teergehalt in die Vergasungszone, in der bei Temperaturen von mehr als 900 °C starke Krackungen der

Teerinhaltsstoffe stattfinden. Wo Wert darauf gelegt wird, auch bei der Vergasung einen guten Schwelteer zu erhalten, muß die Gaserzeugung in speziellen Schwelgeneratoren erfolgen, die sich von den gewöhnlichen Generatoren dadurch unterscheiden, daß sie mit einem besonderen, über dem eigentlichen Generatorschacht sitzenden hohen Schwelaufsatz ausgerüstet sind (Bild 4).

Die Durchsatzleistungen der gewöhnlichen Schachtgeneratoren betragen, bezogen auf den Ofenquerschnitt, 150 bis 200 kg/m^2h, ausnahmsweise bis 300 kg/m^2h. Bei Schwelgeneratoren kann man nur mit Leistungen von 100 kg/m^2h rechnen, weil sich der Vergasungsvorgang nach der relativ geringen Geschwindigkeit des Schwelvorganges richten muß.

In den Schachtgeneratoren, bei denen Luft mit geringen Mengen Wasserdampf als Vergasungsmittel dient, wird bei der Vergasung von Braunkohlenbriketts nur Schwachgas mit Heizwerten von 1500 bis 1700 $kcal/Nm^3$ gewonnen. Soll in Generatoren ein H_2- und CO-reiches Starkgas erzeugt werden, so wird der Generator abwechselnd mit Luft und mit Wasserdampf als Vergasungsmittel betrieben. Dabei treten folgende Reaktionen auf:

$$C + H_2O = CO + H_2 - 30000 \text{ kcal}$$

$$C + 2H_2O = CO_2 + 2H_2 - 18200 \text{ kcal.}$$

Beide Reaktionen sind durch das Wassergasgleichgewicht in der Weise miteinader verbunden, daß bei hohen Temperaturen die Bildung von CO, bei tieferen Temperaturen von CO_2 nach der Gleichung:

$$CO + H_2O \leftrightharpoons CO_2 + H_2 - 10100 \text{ kcal}$$

vorherrscht. Das ideale Wassergas, das bei Temperaturen von 1200 bis 1400 °C entstanden ist, enthält CO und H_2 zu gleichen Raumteilen und hat einen Heizwert von ungefähr 2800 $kcal/Nm^3$. Da die Wassergasreaktionen endotherm verlaufen, erfordern sie Wärmezufuhr. Der

Wärmebedarf wird aus dem glühenden Brennstoffbett gedeckt, wodurch dessen Temperatur absinkt. Es muß dann wieder durch Heißblasen mit Luft hochgeheizt werden.

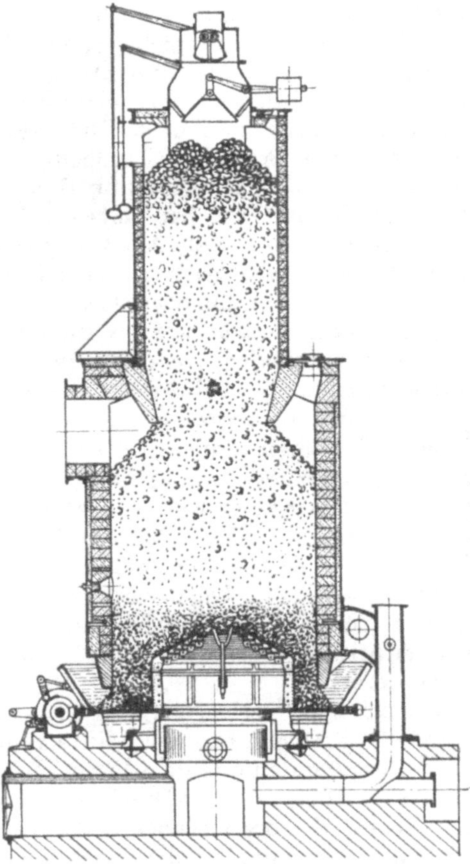

Bild 4 Schwelgenerator mit zwei Gasabzügen zur Vergasung von Braunkohlenbriketts (aus FR. WIRTH: Brennstoff-Chemie, Berlin, 1922)

Wassergas hat als Starkgas nicht nur für die öffentliche Gaswirtschaft Bedeutung, sondern es wird vor allem als Chemiegas in großen Mengen gebraucht. Für die Herstellung derartiger Wassergasmengen sind die einfachen Schachtgeneratoren mit periodischem Betrieb nicht leistungsfähig genug. Außerdem wird für chemische Synthesen ein Gas gebraucht, daß mehr H_2 enthält. Es sind darum besondere Verfahren für die Synthesegaserzeugung entwickelt worden, von denen nur das Pintsch-Hillebrand-, das Koppers-Schwarzheide- und das Didier-Bubiag-Verfahren genannt seien. Bezüglich Einzelheiten dieser Verfahren sei auf die einschlägige Literatur (LISSNER-THAU) verwiesen. Die Teerausbeute bei Pintsch-Hillebrand ist mit 4,8 %, bezogen auf Einsatzbriketts, angegeben. Beim Koppers-Verfahren werden nach neuesten Untersuchungen von R. RAMMLER in der Schwelzone des Vergasers 7,5 % Teer aus der Brikettsubstanz (= rund 90 % auf die Fischer-Analyse) entbunden, von denen jedoch nur etwa die Hälfte gewonnen, während der restliche Teer mit zur Erzeugung des Synthesegases verwendet wird. Auch beim Bubiag-Didier-Verfahren wird ein Teil der Teerdämpfe in die Vergasungskammern zurückgeführt, wo sie durch Berührung mit dem heißen Koks aufgespalten werden. Bei diesem Verfahren werden daher ebenfalls nur 30 bis 40 % des in der Kohle enthaltenen Teers gewonnen. Es gibt Synthesegaserzeuger, bei denen kein Teer anfällt, wie z. B. der Winkler-Wirbelbett-Generator. Trotz ihrer sonstigen Wichtigkeit müssen sie daher in diesem Buch übergangen werden.

Die von DRAWE vorgeschlagene Vergasung von Kohle mit Sauerstoff ist nach Ideen von DANULAT und HUBMANN Mitte der 30er Jahre in dem Lurgi-Verfahren verwirklicht worden. Bei der Lurgi-Druckvergasung (Bild 5) wird der Brennstoff, vorgetrocknete Knorpelkohle oder Briketts, mit Wasserdampf und Sauerstoff (aus Linde-Anlagen) bei einem Druck von etwa 25 at vergast, wobei das Vergasungsmittel in bekannter Weise unter dem Rost zugeführt wird. Im Gegensatz zu der gewöhnlichen, im unterbrochenen Wechselbetrieb arbeitenden Wassergaserzeugung läßt sich hier der Betrieb stetig durchführen, weil dem zugeführten Wasserdampf soviel Sauerstoff zugesetzt wird, daß die Temperatur im Brennstoffbett dauernd hoch genug bleibt, um die Wassergasreaktionen zu ermöglichen. Der Generator besteht aus einem wasser-

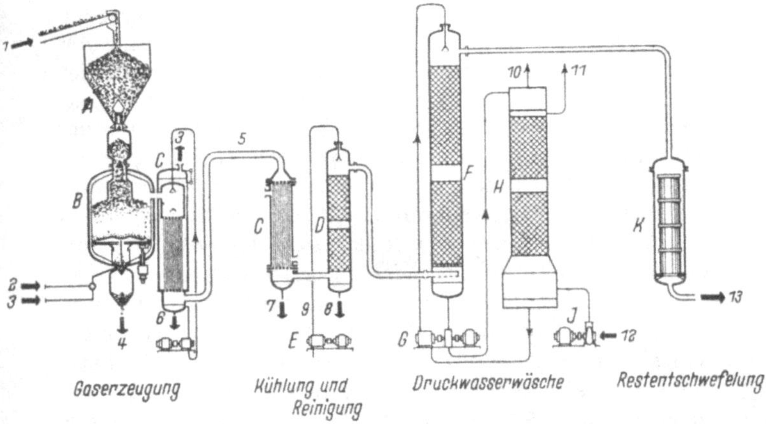

Bild 5 Arbeitsschema des Lurgi-Druckvergasungsverfahrens
(E. KAPP: Braunkohle, Wärme u. Energie, 1955, H. 11/12)

A – Bunker; *B* – Gaserzeuger; *C* – Vor- und Nachkühler; *D* – Benzinauswaschung; *E* – Waschölpumpe; *F* – Druckwasserwäsche; *G* Pumpen-Turbinen-Aggregat; *H* – Belüftungsturm; *I* – Gebläse; *K* – Restentschwefelung; *1* – Kohle; *2* – Sauerstoff; *3* – Hochdruck- und Niederdruckdampf; *4* – Asche; *5* – Rohgas; *6* – Kondensat: Teer + Wasser; *7* – Kondensat: Öl + Wasser; *8* – benzinhaltiges Waschöl; *9* – reines Waschöl; *10* – Entspannungsgas; *11* – Abluft; *12* – Luft; *13* – Reingas

gekühlten Druckgefäß, in das die Kohle mit Hilfe einer Schleuse eingeführt wird. Die feste Asche wird von Zeit zu Zeit mittels eines Drehrostes durch eine Schleuse ausgetragen.

Infolge des erhöhten Vergasungsdruckes verlaufen die Vergasungsreaktionen anders als bei atmosphärischer Vergasung. Es bildet sich bevorzugt das heizkräftige

Methan in solchem Maße, daß bei Drücken von 20 bis 30 at der für Stadtgaszwecke erforderliche Gasheizwert erreicht wird. Gewöhnliches Wassergas hat ein Verhältnis von CO zu $H_2 = 1:1$. Bei dem Lurgi-Verfahren besteht die Möglichkeit, durch Variation von Druck, Sauerstoffkonzentration, Dampfzusatz und Temperatur das CO/H_2-Verhältnis in den Grenzen von 1:2 bis 1:4,5 zu ändern. Man kann mit diesem Verfahren also sowohl Stadtgas als auch Synthesegas für die Ammoniaksynthese und die Hydrierung herstellen. Neben diesen Vorzügen zeichnet sich die Druckvergasung durch hohe Leistungen je Raumeinheit (1000 bis 1200 kg/m² h) aus. Ein weiterer Vorzug ist, daß sich ballastreiche Kohlen, nach Zumischung gewisser Zuschlagstoffe, vielleicht sogar Salzkohlen, vergasen lassen. Mit anderen Synthesegaserzeugungs-Verfahren hat die Lurgi-Druckvergasung einen relativ ungünstigen thermischen Wirkungsgrad gemeinsam. Die thermischen Nutzeffekte betragen nach H.-G. Riedel beim Lurgi-Verfahren 57,5 bis 61 %, beim Koppers-Verfahren 58 bis 60 %. Dagegen wird bei der Brikettschwelung ein thermischer Wirkungsgrad von 77 bis 80 % erreicht. Nach Mitteilung von E. Rammler wird bei der Sauerstoff-Druckvergasung neben anderen Maßnahmen eine Verringerung des Sauerstoffbedarfs durch eine weit höhere Überhitzung des Dampfes angestrebt, wodurch eine erhebliche Verbesserung des thermischen Wirkungsgrades möglich ist. Der Heizwert der nach Auswaschen des CO_2 durch Druckwasserwäsche reinen Gase kann bei dem Lurgi-Verfahren mit etwa 4200 kcal/Nm³ angenommen werden.

Der bei der Lurgi-Druckvergasung anfallende Teer ist ein typischer Braunkohlenteer. Die Ausbeute an Teer betrug bei Versuchen von Odell 5,6 %, an Leichtöl 2,4 % auf die Einsatzkohle. Insgesamt kann man mit einer Teerausbeute einschl. Leichtöl von 70 bis 80 %, bezogen auf die Werte der Fischer-Analyse, rechnen.

Bis 1945 gab es 3 Druckvergasungsanlagen (Hirschfelde, Böhlen, Most/ČSSR), die aus Braunkohle Gas für das Ferngasnetz erzeugten und heute noch in Betrieb sind. Im Rahmen des Kombinates „Schwarze Pumpe" wird in der DDR zur Zeit ein großes Druckvergasungswerk errichtet. Auch in der ČSSR und in der UdSSR sind Druckvergasungsanlagen geplant oder im Bau. In verschiedenen kapitalistischen Ländern sind nach dem Kriege mehrere Ferngaswerke nach dem Lurgi-Verfahren auf Steinkohlenbasis gebaut worden.

4. Die Technologie der Braunkohlenteergewinnung

4.1. Die Technologie der Gewinnung der Teerbestandteile aus den Schwel-, Kokerei- und Generatorgasen

Die aus der Kohle entbundenen Gase sind Gemische von echten Gasen (CO_2, CO, H_2, O_2, N_2, H_2S), in welchen der Teer und die Teeröle zum Teil in Dampfform, zum Teil in Form feinster Kügelchen, also als Nebeltröpfchen, enthalten sind. Durch Abkühlung scheiden sich die dampfförmigen und als Dispersoide enthaltenen Anteile aus den Gasen ab, und zwar allmählich nach der Höhe der Molekulargewichte bzw. nach der Höhe der Siedepunkte. Es werden zuerst die am höchsten siedenden Stoffe abgeschieden, dann kommen die mit dem nächstniederen Siedepunkt und schließlich die Teeröle, die am flüchtigsten sind.

Menge und Zusammensetzung der Gase sind von der Art der Kohle und von dem angewendeten Entgasungs- bzw. Vergasungsverfahren abhängig. Die Gasausbeuten betragen:

Bei der Schwelung in Heizflächenöfen nach Kosag-Geißen
135/185 Nm^3/t Trockenkohle

bei der Schwelung in Heizflächenöfen nach Borsig-Geißen
80/120 Nm^3/t Trockenkohle

bei der Schwelung in Lurgi-Spülgasöfen
800/1000 Nm^3/t Briketts
bei der Verkokung in Kammeröfen
300/310 Nm^3/t Briketts
bei der Vergasung in Generatoren
300/350 Nm^3/t Briketts
bei der Wassergaserzeugung nach Pintsch-Hillebrand
1000 Nm^3/t Briketts
bei der Lurgi-Sauerstoff-Druckvergasung
600/800 Nm^3/t Trockenkohle
bei der Synthesegaserzeugung nach Koppers
1200 Nm^3/t Briketts
bei der Synthesegaserzeugung nach Bubiag-Didier
1400 Nm^3/t Briketts

Die mit Teer und Öl beladenen Schwel-, Kokerei- oder Generatorgase verlassen die Öfen mit folgenden ungefähren Temperaturen:

Kosag-Geißen-Heizflächenofen	380 °C
Borsig- ,, ,,	420 °C
Lurgi-Spülgasschwelofen	250 °C
Vertikalkammeröfen der Braunk.-Verkokung	150 °C
Generatoren	160 bis 360 °C
Lurgi-Sauerstoff-Druckvergasung	300 °C

Über den Gehalt an Teernebeln im Gas finden sich folgende Angaben in der Literatur:

Lurgi-Spülgasschwelofen	115 g/Nm^3
Generatoren	15 bis 30 g/Nm^3
Schwelgeneratoren	55 g/Nm^3
Koppers-Synthesegaserzeuger	35 bis 40 g/Nm^3
Lurgi-Sauerst.-Druckvergasung	130 g/Nm^3

In früheren Zeiten wurden die Gase durch Luftkühler, die aus dünnwandigen Blechrohren bestanden, geleitet und auf diese Weise auf die Temperatur der Außenluft abgekühlt, wobei Wasser- und Teerdämpfe niedergeschlagen wurden. In diesen alten Anlagen wurden Mittel- und Leichtöl also nicht gesondert aus den Gasen abgeschieden, sondern alle kondensierbaren Anteile gingen in den Teer. Erst seit den 20er Jahren wird das Leichtöl nach dem Vorbild der Benzolgewinnung aus dem Steinkohlen-Kokereigas gewonnen. Heute werden die Schwel-, Kokerei- und Generatorgase aus Braunkohle in mehrstufigen Reinigungs- und Kondensationsanlagen von ihren Begleitstoffen befreit. Diese Anlagen gliedern sich in folgende Arbeitsstufen:

1. die Staubabscheidung
2. die Teerabscheidung
3. die Abscheidung des Mittelöls
4. das Auswaschen des Leichtöls.

Als Staubabscheider findet man in älteren Generatorbetrieben noch Staubsäcke — zylindrische Behälter mit trichterförmigem Boden und teilweise eingebauten Trennwänden —, in denen die Staubabscheidung durch Geschwindigkeitsverminderung und Prallwirkung bewirkt wird. In neueren Generatoranlagen sind die Staubabscheider den sog. Zyklonen ähnlich. Die Gase werden hier im Kreise herumgeführt, wobei die Staubteilchen nach außen an die Behälterwand gedrängt werden und dort abstürzen. Sehr wichtig ist, daß sich die Gase in den Staubscheidern nicht abkühlen, da sich sonst Teer in diesen niederschlägt und sie so unwirksam werden. Die Staubsäcke oder Zyklone müssen daher gut isoliert oder noch besser mit Mantelheizung für Heißwasser versehen sein.

In den großen Schwelwerken und Braunkohlen-Kokereien sind die Staubabscheider den in Gaswerken angewendeten Teerscheidern ähnlich. Sie bestehen aus zwei mit Schlitzen versehenen Trommeln, die durch ein Antriebsvorgelege langsam (6 bis 10 U/min) gegeneinander gedreht werden. Auf diese Weise wird das hindurchtretende Gas in seiner Strömungsrichtung mehrfach umgelenkt, was die Abscheidung eines teerigen Staubes zur

Folge hat. Die Gastemperaturen in den Staubscheidern liegen so hoch, daß festes Paraffin nicht ausfallen und sich auf den Trommelwandungen niederschlagen kann, wodurch sich die Durchgangsöffnungen verstopfen würden. In diesen Abscheidern fällt ein stark staubhaltiger Teer an, der sich in den darunterliegenden Teertassen sammelt und von hier durch Kratzen entfernt wird. Dieser Teer führt die nicht ganz eindeutige Bezeichnung „Vorkühlerrückstand". Man sollte ihn mit Staubteer oder Kratzteer bezeichnen. Da er bis zu 50% Benzolunlösliches, 30% Pyridinunlösliches und 5% Asche enthält, ist er für die Teerverarbeitung nicht geeignet, sondern er muß der Rückständeverwertung zugeführt werden.

In manchen Generatoranlagen sind zur Teerabscheidung noch rotierende Wäscher in Betrieb, die nach dem Prinzip der als Zerkleinerungsmaschinen bekannten Desintegratoren gebaut sind und als Waschflüssigkeit flüssigen Teer enthalten. Auch Füllkörperwäscher, die mit warmem Teer berieselt werden, sind noch in Gebrauch. In modernen Schwelwerken, Kokereien und Generatoranlagen wird der Teer aus den Gasen dagegen ausschließlich durch Vorkühlung mit anschließender elektrostatischer Ausfällung gewonnen.

Die Vorkühler sind stehende zylindrische Behälter von etwa 6 m Höhe und 1,5 m Durchmesser, in die durch Zerstäuberdüsen unter einem Druck von etwa 8 atü Schwelwasser eingespritzt wird. Unten über dem Gaseintritt ist ein Prallblech angeordnet, durch welches die Abscheidung von Staub und hochsiedenden Teeranteilen begünstigt wird. Vor dem Gasaustritt sind im Oberteil mehrere Lagen Blechhorden eingebaut, die ein Mitreißen des eingestäubten Schwelwassers verhindern sollen. Das Gas wird von einer Eintrittstemperatur von etwa 240 °C auf 125 bis 140 °C heruntergekühlt. Der in diesen Apparaten anfallende Vorkühlerteer (etwa 25% des Gesamtteers) ist durch einen hohen Gehalt an benzolunlöslichem Staub (3,5 bis 8%), an hexan- bzw. heptanunlöslichen asphaltartigen Stoffen (4 bis 9%) und an Asche (1 bis

1,5 %) charakterisiert. Siedelage und Flammpunkt sind höher als beim EGR-Teer. Der Vorkühlerteer enthält also die am höchsten siedenden Anteile des Teers. Da er noch eine Temperatur von etwa 130 °C hat, liegt sein Wassergehalt unter 1 %.

Das entstaubte und zum Teil schon entteerte Gas wird nun in die Elektro-Gas-Reiniger (abgekürzt: EGR) geleitet, wobei die Eintrittstemperatur 120 bis 140 °C beträgt. Diese Temperatur bestimmt bei sonst einwandfreiem Arbeiten des EGR-Apparates die Beschaffenheit des hier abgeschiedenen EGR-Teers. Es ist empfehlenswert, 110 bis maximal 130 °C zu halten, da bei dieser Temperatur die Festparaffine ausfallen und in den EGR-Teer gehen. Unter diesen Verhältnissen hat das in der nächsten Kondensationsstufe anfallende Mittelöl einen bei — 6 bis — 12 °C liegenden Stockpunkt, was für seine weitere Verarbeitung von Vorteil ist. Genaue Innehaltung der Arbeitstemperaturen von durchschnittlich 120 °C ist also für Ausbeute und Beschaffenheit des EGR-Teers sowie für die weitere Kondensation sehr wichtig. Bei Temperaturen von mehr als 130 °C geht Festparaffin durch die EGR-Apparate hindurch und findet sich dann im Mittelöl. Bei zu starker Abkühlung wird der Taupunkt des im Gas enthaltenen Schwelwassers unterschritten, so daß der Teer dann mehr oder weniger Wasser enthält, während er bei etwa 110 °C praktisch noch wasserfrei ist. In der elektrischen Gasreinigung fallen bis 50 % der gesamten Teerausbeute als EGR-Teer an. Das Prinzip der EGR-Apparate, die vor rund 40 Jahren von der Siemens-Lurgi-Cottrell-Elektrofilter-G. m. b. H. entwickelt worden sind, beruht auf der Wirkung elektrischer Felder auf die in den Gasen enthaltenen Teer- und Öltröpfchen. Die Apparate bestehen aus Blechgehäusen, deren Durchmesser so gewählt ist, daß die Gase mit stark verringerter Geschwindigkeit hindurchströmen. Um stärkere Abkühlung der Gase und vor allem Kondensation von Wasserdampf zu vermeiden, sind die Gehäuse von außen mit einer guten Wärmeschutzschicht umhüllt. Im Innern sind die Gehäuse mit Elektroden ausgerüstet und zwar mit drahtförmigen Sprühelektroden, die mit dem negativen Pol der Hochspannungsanlage verbunden sind, und mit den plattenförmigen, geerdeten „Niederschlagselektroden". Die Teertröpfchen werden von den Sprühelektroden aufgeladen, sogleich aber von den gleichpoligen, aufladenden Sprühelektroden abgestoßen und gegen die Niederschlagselektroden geschleudert, von wo der so abgeschiedene Teer stetig in den als Teersammelbehälter ausgebildeten Unterteil des Apparates abläuft und sich in der Teertasse sammelt. EGR-Apparate neuerer Bauart sind in zwei hintereinander liegende elektrische Felder gegliedert, die mit verschiedenen Spannungen betrieben werden können. Auf diese Weise ist eine Vor- und eine Nachreinigung des Gases möglich.

Der erforderliche hochgespannte Gleichstrom von 50000 bis 60000 Volt wird aus normalem Drehstrom von 380 Volt in einer besonderen Hochspannungsanlage erzeugt und dann durch die Decke des EGR-Apparates über Hescho-Isolatoren den Sprühelektroden vom negativen Pol aus zugeführt. Die Isolatoren werden elektrisch beheizt, um Kondensationen, die Kurzschluß herbeiführen können, zu verhindern. In den der EGR-Apparatur folgenden Oberflächenkühlern wird das Gas von etwa 120 °C auf je nach Jahreszeit 20 bis 30 °C abgekühlt, wobei sich außer dem Wasserdampf der Hauptteil der im Gas enthaltenen Öle in Form von Mittelöl kondensiert. Die verwendeten Apparate bestehen aus rechteckigen oder quadratischen Blechgehäusen, in die waagerechte Kühlrohre eingewalzt sind. Die Kühlrohre sind in Bündeln oder Abteilungen zusammengefaßt, und durch Doppelkrümmer oder bauchige, gußeiserne, vorn und hinten gegeneinander versetzte Deckel miteinander verbunden. In den Kühlrohren fließt kaltes Wasser von oben nach unten, während das Gas unten in den Kühler eintritt und ihn oben wieder verläßt, nachdem es das ganze Kühlrohrsystem durchströmt hat. Da die Kühlrohre quer zum Gasstrom liegen, bezeichnet man diese Apparate als Querrohrkühler. Es sind fast immer zwei Querrohrkühler hintereinander geschaltet, wobei vielfach der zweite Kühler unter dem ersten Kühler liegt und nur durch einen Zwischenboden von ihm getrennt ist. Der untere Teil dient als Schlußkühler und hat den Zweck, die letzten Reste Mittelöl und Schwelwasser aus dem Gas zu entfernen. Das Kondensatgemisch wird am Boden der Querrohrkühler über einen Tauchverschluß abgeleitet und in Scheidebehälter in Öl und Wasser getrennt. Das warme Kühlwasser wird in einem Kühlwerk wieder abgekühlt und dann erneut verwendet. Verdampfungsverluste werden durch Frischwasser ersetzt.

In den Gasen sind jetzt nur noch leichte Teeranteile enthalten, die sich bei den ihnen eigenen hohen Dampfdrücken durch Kühlung bei normaler Temperatur nicht verdichten lassen. Sie werden daher durch Waschen der Gase mit arteigenem Teeröl, und zwar einer Fraktion des Mittelöls, absorbiert und dann aus diesem durch Destillation gewonnen.

Der Leichtölgehalt der Gase ist einerseits von der Kohle, andererseits von den Betriebsbedingungen bei ihrer thermischen Behandlung und dementsprechend von den entstehenden Gasmengen sowie von der Bildung leichterer Teeranteile abhängig. Man kann überschlägig mit folgenden Werten rechnen:

Rolle Heizflächenschwelofen	30 g/Nm³
Kosag-Geißen-Heizflächenschwelofen	90 g/Nm³
Borsig- „ „	40 g/Nm³
Lurgi-Spülgasschwelofen	15 bis 20 g/Nm³
Braunkohlen-Verkokung in Vertikal-Kammeröfen	35 g/Nm³
Lurgi-Sauerstoff-Druckvergasung	35 g/Nm³

Zur Erzielung eines guten Wascheffektes und damit verbunden einer Höchstausbeute an Leichtöl ist nicht nur die Konstruktion und der Wirkungsgrad des Wäschers, sondern auch die physikalische Beschaffenheit und die Temperatur des Waschöles von ausschlaggebender Bedeutung, da die Auswaschung im wesentlichen ein physikalischer Vorgang ist. Das Waschöl darf weder zu dünn- noch zu dickflüssig sein. Im ersteren Fall strömt es mit zu großer Geschwindigkeit durch den Wäscher; im letzteren Fall fließt es zu langsam und wird nicht fein genug zerteilt. Abwesenheit von Staub und Wasser im Waschöl ist Grundbedingung. Um die relativ hohe Dampfspannung der das Leichtöl bildenden chemischen Verbindungen zu verringern und damit die Absorptionswirkung zu verbessern, muß die Temperatur des Waschöles unter + 30 °C liegen. Es ist ferner darauf zu achten, daß das Gas nicht kälter ist als das Waschöl, weil sonst eine umgekehrte Absorption stattfindet, also Leichtöl aus dem Waschöl in das Gas in Dampfform übergeht.

Nach HECKMANN soll das Waschöl folgende Eigenschaften besitzen:

Dichte bei 20 °C	g/cm³	nahezu 1,00
Stockpunkt	°C	unter — 5
Viskosität bei 20 °C	°E	möglichst 2
Molekulargewicht		unter 150
Wassergehalt	%	unter 0,5
Dampfdruck bzw. Teildruck des im Waschöl enthaltenen Leichtöls bei z. B. 2 % Anreicherung	mm QS	weniger als 5
Siedebereich (durch Feindest. ermitt.)	°C	210 bis 300
50 %-Punkt bei der Destillation bei	°C	250

Mit Rücksicht auf die Oberflächenspannung und die Abnahme der Absorptionsfähigkeit mit zunehmender Verdickung des Waschöls ist auf die Viskosität, den Stockpunkt und den Siedebereich besonders zu achten.

In welchem Maße die chemische Zusammensetzung des Waschöls und die Konstitution des auszuwaschenden Leichtöls den Absorptionseffekt bei der Leichtölgewinnung beeinflussen, ist bisher unbekannt. Ohne exakte Beweise dafür zu haben, wird angenommen, daß kreosotreiches Mittelöl, wie es bei der Entgasung Niederlausitzer Braunkohle anfällt, als Waschöl weniger geeignet ist als das mitteldeutsche Teeröl.

Durch Anreicherung des Waschöls mit Leichtöl wird die Absorptionswirkung stark beeinträchtigt. Bereits bei einem Leichtölgehalt von 5 % läßt sie bedeutend nach, um bei einer Sättigung von 12 bis 15 % ganz aufzuhören. Das Gas soll darum im letzten Wäscher stets mit frischem Waschöl behandelt werden, ehe es die Waschanlage verläßt.

Die Absorptionsfähigkeit nimmt mit steigendem Druck zu. Infolgedessen ist immer wieder der Gedanke aufgetaucht, die Gewinnung des Leichtöls aus den Gasen unter höherem als Atmosphärendruck zu betreiben, weil in diesem Falle die Wäscher entsprechend kleiner gebaut werden können und weniger Waschöl benötigt wird. Trotz dieser Vorteile hat sich die Druckwaschung bei der Leichtölabsorption in der Schwelindustrie nicht einführen können. Der Grund hierfür ist, daß die anfallenden Gasmengen im eigenen Betrieb verwertet werden und dabei höhere Gasdrücke nicht notwendig sind. Das Gas müßte nach der Kompression wieder entspannt werden, und die für die Drucksteigerung notwendige Energie würde lediglich der Leichtölwäsche wegen aufgewendet werden. Anders liegen die Verhältnisse, wenn das Gas der Ferngasleitung unter Druck zugeführt wird, wie das bei der Sauerstoff-Druckvergasung der Fall ist. Hier wird die Auswaschung unter einem Druck von etwa 20 atü vorgenommen; die Waschölmenge beträgt dabei nach Angaben von Kahnt etwa 0,35 Liter/Nm^3 Gas, sie liegt demnach bedeutend niedriger als bei der üblichen Leichtölabsorption. Für das Auswaschen der Leichtöle sind verschiedene Wäscher-Bauarten entwickelt worden, deren gemeinsames Kennzeichen ist, daß Gas und Waschöl im Gegenstrom zueinander den Apparat durchlaufen und daß das Waschöl in möglichst feiner Zerteilung mit dem Gas in Berührung gebracht wird, um eine gute Aufnahme des Leichtöls durch Lösung zu bewirken. Zu diesem Zweck enthalten die Wäscher Einbauten, die auch verhindern sollen, daß das von oben in den Apparat eingeführte Waschöl nicht wieder zusammenfließt und so unbenetzte Räume entstehen, durch die das Gas hochsteigt, ohne mit dem Öl genügend in Berührung gekommen zu sein. Die Einbauten sollen ferner verhindern, daß das Waschöl an den Wänden des Wäschers hinablaufen kann. Bei den Wäschern mit nicht so gutem Wirkungsgrad sind gewöhnlich mehrere Türme hintereinander geschaltet, und zwar so, daß die Gase dem gesamten Strom des Waschöls entgegengeführt werden. Das im ersten Waschturm benutzte Öl fließt also einem Sammelbehälter zu und wird dann über den nächsten Turm gepumpt. Auf diese Weise kommen die Gase zuerst mit bereits angereichertem Waschöl und zuletzt mit frischem Waschöl in Berührung.

Man unterscheidet grundsätzlich zwei verschiedene Konstruktionen von Leichtölwäschern, solche mit ortsfesten und solche mit mechanisch angetriebenen Einbauten. Zu ersteren gehören die Horden-, die Füllkörper- und die Kammerstufenwäscher, zu letzteren die Weindel- und die Feldwäscher.

Die Horden- und Füllkörperwäscher sind zylindrische, aus Eisenblech zusammengenietete Türme von 18 bis 25 m Höhe und maximal 4 m Durchmesser. Die Hordenwäscher sind lagenweise mit hochkant gestellten Holzlatten gefüllt, wobei jede Horde rechtwinklig zur vorhergehenden versetzt ist. Auf diese Weise ergibt sich eine große Anzahl kleiner paralleler Kanäle, durch die der Gasstrom in viele Teilströme zerlegt wird. In den Füllkörperwäschern sind regellos Füllkörper verschiedener Form eingelagert, und zwar sind die Wäscher in mehrere Etagen von 1 bis 3 m Höhe unterteilt. Ein von Heckmann erbauter Füllkörperwäscher enthält bei 18 m Höhe und 2,8 m Durchmesser 3 Auflageböden und 3 Verteilerroste und ist mit Sattelkörpern von 50 mm gefüllt. Trotz der relativ großen Schichthöhe konnte keine Bachbildung beobachtet werden, sondern das Waschöl verteilte sich gleichmäßig auf den ganzen Querschnitt.

Die Kammerstufenwäscher lehnen sich im Prinzip an die vorgenannten Turmwäscher an, nur daß die Waschfläche nicht übereinander, sondern je nach Leistung der Wäscher in 3 bis 10 im Kreis angeordneten, nebeneinanderliegenden Waschkammern untergebracht ist. Hierdurch fallen die hohen Türme fort, es ist somit ein geringerer Aufwand an Baustoffen notwendig. Als Verteiler dienen Holzhorden oder Füllkörper. Das Gas durchströmt jede Kammer des Wäschers nacheinander von unten nach oben, während ihm das Waschöl, das von Kammer zu Kammer gepumpt wird, entgegenläuft, und zwar wird das frische Waschöl der letzten Kammer zugeführt und verläßt, stark mit Leichtöl angereichert, die 1. Kammer.

Der Weindel-Wäscher, der mit 20 m Höhe und 2,5 bis 3,5 m Durchmesser gebaut wird, ist dadurch gekennzeichnet, daß eine Anzahl ortsfester und mit n = 6 bis 20 mechanisch gedrehter Füllkörperschichten geringer Höhe miteinander abwechseln. Die Dreheinsätze bewirken eine gute Verteilung des Waschöles über alle Füllkörper und gleichzeitig eine geringe Randgängigkeit des Öles. Die Aufgabe des Waschöls erfolgt durch besondere Verteiler, deren Zulaufmengen je nach der gewünschten Berieselungsdichte eingestellt werden können. In halber Höhe des Apparates sind nochmals Ölverteiler eingebaut, um das Öl nach Wiederauffangen zum zweiten Mal zu verteilen.

Der Schleuderwäscher, von Feld, besitzt Höhen von 8,5 bis 10,5 m und Durchmesser von 3,5 bis 4 m. Das Arbeitsprinzip dieses Wäschers ist, daß das Waschöl durch Einbauten, die sich mit großer Geschwindigkeit (125 U/min) drehen, mehrmals in feinste Tröpfchen zerteilt und von der Mitte zur Peripherie des Wäschers geschleudert wird. Das aufsteigende Gas durchdringt den Ölschleier im rechten Winkel, wobei dem Gas eine große Waschfläche dargeboten wird.

Die Vorteile der Hordenwäscher und der einfachen Füllkörperwäscher sind ihre verhältnismäßig geringen Anlagekosten und ihre Betriebssicherheit, da sie keine bewegten Teile besitzen, die infolge Abnutzung, plötzlichem Bruch usw. Störungen veranlassen können. Ihr Wascheffekt ist jedoch nicht so gut wie die der Kammerstufenwäscher, die gegenüber allen Turmwäschern einen relativ großen Raumbedarf haben und deren Kraftverbrauch infolge der zahlreichen Pumpen erheblich ist. Den Waschölverbrauch kann man bei guten Füllkörperwäschern, Kammerstufenwäschern und Feldwäschern mit 1,2 bis 1,4 Liter je m^3 gewaschenen Gases annehmen.

Die Ansicht der Fachleute über die beste Wäscherbauart ist noch sehr geteilt. In der Literatur wird der Feld-Wäscher wegen seiner guten Wirkung und seiner starken Überlastbarkeit mehrfach hervorgehoben. Es wird aber auch auf die hohen Reparaturkosten und die Produktionsausfälle durch Reparaturen sowie den erheblichen Stromverbrauch (ca. 90 kW) als Nachteile dieses Wäschers hingewiesen. Erfahrene Praktiker sind der Meinung, daß beim Bau neuer Leichtölgewinnungsanlagen nur zwischen Weindel-Wäschern und Kammerstufenwäschern entschieden werden kann.

Die Anlagen zur Gewinnung der Teerbestandteile aus den Gasen sind in den großen Schwelwerken ziemlich einheitlich und gliedern sich in Vorkühler, EGR-Apparate, Querrohrkühler und Leichtölwäscher. Hinter den Querrohrkühlern ist ein Gebläse eingebaut. Von den Schwelöfen bis zu den Querrohrkühlern herrscht in der Anlage daher Unterdruck, während die Leichtölwäscher unter geringem Druck stehen. In den Gaserzeugeranlagen richtet sich der Umfang der Kondensationsanlage danach, in welchem Maße die Nebenprodukte gewonnen werden sollen. Wird das Generatorgas den Brennstellen als Heißgas zugeleitet, so entfällt jede Teergewinnung, und das Gas durchströmt ungekühlt nur einen EGR-Apparat zwecks Entstaubung. In manchen Generatoranlagen wird das Gas mittels Vorkühlern und EGR-Teerscheidern allein von den höhersiedenden Teeranteilen befreit und als Warmgas, das noch alle mittleren und leichten Öle enthält, verbrannt. In anderen Generatoranlagen sowie in den Sauerstoff-Druckvergasungswerken werden Teere und Öle vollständig aus den Gasen entfernt.

Die durch die Teergewinnung gegangenen Gase enthalten noch 4 bis 6 g/Nm³ Leichtöl. Bei überlasteten Anlagen kann der Leichtölgehalt auf 10 bis 12 g/Nm³ Gas steigen. In den Spülgasschwelwerken wird das Gas zu den Schwelöfen als Brennergas und dergl. zurückgeführt. Das hierfür nicht benötigte Überschußgas wird im Kraftwerk und bei anderen Wärmeverbrauchern als Heizgas eingesetzt. Als Stadtgas ist das Gas aus Spülgasschwelöfen wegen seines hohen Gehaltes an inerten Bestandteilen, besonders an Stickstoff, und seines dementsprechend gegeringen Heizwertes wenig geeignet. Dagegen wird das Überschußgas aus Heizflächenschwelöfen, dessen Heizwert bei 5000 kcal/Nm³ liegt, nach Komprimierung und Nachreinigung von Schwefelwasserstoff und Kohlensäure, dem allgemeinen Gasnetz zugeleitet. Auch das Gas von der Braunkohlenhochtemperatur-Verkokung geht nach Entschwefelung, Befreiung von der Kohlensäure, Trocknung und Verdichtung als Verkaufsprodukt in das Ferngasnetz. Zur Reinigung der Gase von CO_2, H_2S, CO, besonders für die Herstellung von Synthesegas, sind noch eine Anzahl Spezialverfahren in Gebrauch, die hier jedoch nicht interessieren, da sie mit der Teergewinnung nichts zu tun haben.

4.2. Die destillative Aufbereitung des Mittelöls und Leichtöls

Das Mittelöl wird im allgemeinen nicht so als Waschöl eingesetzt, wie es anfällt, sondern es wird zunächst einer Destillationsanlage zugeführt, in der die leichteren, bis etwa 200 °C siedenden Anteile abgetrieben werden und dann eine zwischen 210 und 300 °C siedende Fraktion herausgeschnitten wird. Diese Fraktion wird nach Kühlung als Waschöl verwendet, während die Leichtfraktion in den Leichtöltank gepumpt wird. Der Rückstand von der Mitteldestillation wird meistens dem Versandtteer zugemischt.

Die Destillationsanlage zur Trennung des Mittelöls in Leichtöl, Waschöl und Mittelölrückstand im Schwelwerk Offleben unterscheidet sich dadurch prinzipiell von den üblichen Anlagen, daß sie mit Rücksicht auf die Temperaturempfindlichkeit des Mittelöls, das bereits bei unter 300 °C zu kracken beginnt, nicht bei Normaldruck, sondern unter einem Vakuum von 400 bis 500 Torr arbeitet, wobei das Vakuum durch Wasserringpumpen erzeugt wird. Die Anlage besteht aus einem Zweikammer-Röhrenofen und zwei Glockenbodenkolonnen, von denen die erste 22, die zweite 12 Böden besitzt. In der ersten Kolonne wird das Leichtöl abgetrieben. Sie ist außerdem an verschiedenen Böden mit Seitenabzügen versehen, so daß je nach Bedarf Seitenprodukt über zwei Seitenkolonnen abgenommen werden kann. In der zweiten Kolonne wird aus dem Sumpfprodukt der ersten Kolonne das Waschöl destilliert. Interessant ist, daß sich im Schwelwerk Offleben Luftkühler als wirtschaftlicher und im Betriebe unempfindlicher erwiesen haben, aus welchem Grunde alle Kondensatoren und Wasserkühler durch Luftkühler ersetzt werden sollen.

Das gebrauchte Waschöl muß von dem absorbierten Leichtöl wieder getrennt werden, was ebenfalls durch Destillation erfolgt. Die Arbeitsweise einer Waschöldestillationsanlage ist im Prinzip folgende: Das von den Leichtölwaschern kommende, mit Leichtöl beladene Waschöl läuft in einen Sammelbehälter und wird von hier durch einen Wärmeaustauscher gepumpt, in dem die fühlbare Wärme des aus der Destillationskolonne mit einer Temperatur von 110 bis 120 °C abfließenden, abgetriebenen Waschöls an das kalte Waschöl abgegeben wird. Das so vorgewärmte Öl gelangt nun in einen Röhrenofen, heute meist Zylinderöfen, in dem es durch Gasheizung auf etwa 180 °C erhitzt wird, um das absorbierte Leichtöl zu verdampfen. Das wichtigste Aggregat der dem Röhrenofen folgenden Destillation ist der Abtreiber, eine Kolonne von früher 12 bis 16, jetzt meist 20 bis 24 Stufen. In dem Abtreiber wird das im Röhrenofen verdampfte

Waschöl in Leichtöl und abgetriebenes Waschöl zerlegt. Zur Intensivierung der Abtriebswirkung wird Trägerdampf in Form von Sattdampf eingesetzt. Die Waschöldestillation ist also eine Vereinigung von Rektifikation und Wasserdampfdestillation. Die den Abtreiber verlassenden, aus Wasser und Leichtöl bestehenden Dämpfe gehen zum Kondensator mit anschließendem Kühler, von wo sie in die Scheideflasche ablaufen. Hier trennen sich Öl und Wasser entsprechend ihren spezifischen Gewichten und fließen gesonderten Sammelbehältern zu. Das von Leichtöl befreite Waschöl wird nach Passieren des vorhin genannten Wärmeaustauschers in mit Wasser berieselten Rohrkühlern wieder auf 20 bis 30 °C abgekühlt, um dann erneut zu den Leichtölwäschern gepumpt zu werden. Der Restleichtölgehalt in dem abgetriebenen Waschöl beträgt 0,3 bis 0,6 Vol.-% bis 150 °C siedend.

In manchen Werken wird das gewonnene Leichtöl in gesonderten Kolonnen fraktioniert. Dabei wird im allgemeinen ein bis 170 °C siedendes Kopfprodukt einschließlich der Wasseranteile abgenommen. Als Seitenstrom fällt ein phenolreiches Schwerbenzin mit einem Siedebereich von 170 bis 210 °C an.

Im Schwelwerk Offleben besteht die Leichtöldestillation zunächst aus der Abtreibekolonne, welche einen Durchmesser von 2600 mm und 20 zweiflutige Glockenböden mit einem Bodenabstand von 400 mm hat. Sie ist imstande, bei einem Vakuum von 300 bis 400 Torr den gesamten Waschölumlauf von 100 bis 120 m³/h durchzusetzen. Das aus dieser Kolonne erhaltene Rohleichtöl wird in der nachgeschalteten Redestillierkolonne, die einen Durchmesser von 1400 mm und 20 Glockenböden mit 300 mm Bodenabstand besitzt, in eine zwischen 65 und 170 °C siedende Fraktion und eine zweite phenolreiche, zwischen 160 bis 210 °C siedende Fraktion getrennt. Die phenolreiche Fraktion (25 % Phenole) wird mit dem aus der Mittelöldestillation stammenden Leichtöl mit ebenfalls etwa 25 % Phenolgehalt gemischt, von den Pyridinen befreit und durch Druckextraktion entphenolt (siehe

S. 90). Das entphenolte Leichtöl wird mit der ersten Fraktion wieder vereinigt und kommt zum Versand. Das Sumpfprodukt der Redestillierkolonne wird als Rücklauf der Abtreibekolonne zugeführt.

Da sich die Qualität des Waschöles durch die Rücknahme laufend verschlechtert, muß ständig ein Teil Waschöl (etwa 2,5 %) abgestoßen und diese Menge durch frisch aus dem Mittelöl destilliertes Waschöl ersetzt werden. Es muß also ausreichend Mittelöl zur Auffrischung des Waschöls zur Verfügung stehen. Das abgestoßene Waschöl wird von manchen Werken als Altöl verkauft, in anderen Werken wird es dem Versandteer zugemischt. Der Mittelölrückstand wird allgemein in den Versandteer gegeben.

5. Die Chemie der Braunkohlenteere

5.1. Teerausbeuten

Die Gesamtteerausbeuten, bezogen auf den Teergehalt bei der Schwelanalyse nach Fischer, betragen ungefähr:

beim	Kosag-Geißen-Schwelofen	90 %
,,	Borsig- ,, ,,	110 %
,,	Lurgi-Spülgasschwelofen	85 %
bei	Generatoren	70 bis 80 %
,,	Schwelgeneratoren	90 %
,,	der Lurgi-Sauerstoff-Druckvergasung	75 %
,,	der Verkokung in Vertikalkammeröfen	70 %

In einem anhaltiner Braunkohlenwerk, in dem eine Knorpelkohle mit einem Teergehalt von etwa 18 % (auf wasserfreie Kohle) in Kosag-Geißenöfen verschwelt wird, beträgt die Teerausbeute etwa 16,2 % auf Kohle. In einem sächsischen Kombinat, in dem Briketts mit etwa

15 % Teergehalt in Lurgi-Spülgasöfen verschwelt werden, werden etwa 12,8 % Teer auf Einsatzbriketts gewonnen.

Beim Kosag-Geißenofen besteht der Gesamtteer aus etwa 86 % Teer einschl. Mittelöl und aus etwa 14 % Leichtöl. Beim Borsig-Geißenofen beträgt der Leichtölanfall dagegen nur etwa 2,5 %, bezogen auf den Gesamtteer. Beim Lurgi-Spülgasschwelverfahren setzt sich der Teer zusammen aus etwa 25 % Vorkühlteer, etwa 50 % EGR-Teer, etwa 10 % Mittelöl und etwa 15 % Leichtöl. Bei der Sauerstoff-Druckvergasung von nordböhmischer Braunkohle fällt der Gesamtteer zu 69 bis 73,5% als Teer und zu 26,5 bis 31 % als Mittelöl an. Bei der Druckvergasung von Kohlen aus der DDR wird das Verhältnis von Teer zu Öl mit 1:2 angegeben. Bei der Verkokung ostelbischer Briketts werden etwa 5,8% ölige Produkte erhalten, die aus 3,4 % Teer und 2,4 % Leichtöl bestehen, das sind also etwa 60 % Teer und etwa 40 % Leichtöl.

Die Teerausbeuten stehen in einem proportionalen Verhältnis zu den Entgasungstemperaturen und den Aufenthaltszeiten der Teerdämpfe im Ofen. Je höher die Temperaturen und je länger die Verweilzeiten, desto geringer sind die Ausbeuten an Teer. Der Gehalt an tiefersiedenden Bestandteilen im Gesamtteer (Mittelöl und besonders Leichtöl) ist von der Höhe der Entgasungstemperatur, der Durchsatzgeschwindigkeit und der Verweilzeit der Teernebel in den Öfen in der Weise abhängig, daß bei gleichem Bitumengehalt der Kohle höhere Ofentemperaturen, geringere Durchsatzgeschwindigkeiten und längere Verweilzeiten der Gase im Ofen den Leichtölgehalt steigern. Die große Teerausbeute und der relativ geringe Leichtölanfall beim Borsig-Geißenofen ist im wesentlichen auf die kurze Aufenthaltszeit der teerhaltigen Schwelgase im Ofen zurückzuführen. Die Ursache für den geringen Leichtölanfall bei dem Spülgasverfahren ist die schonende Schwelung der Kohle durch die Anwesenheit der großen Spülgasmengen. Im Gegensatz hierzu ist der Leichtölanteil bei der Braunkohlenverkokung infolge der höheren Spaltung wesentlich größer.

5.2. Beschaffenheit und Inhaltsstoffe der eigentlichen Teere

Die Braunkohlenteere sind kompliziert zusammengesetzte Gemische organischer Verbindungen, die je nach dem Verfahren, bei dem sie entstanden sind, erhebliche quantitative Unterschiede aufweisen. Sie sind in dünner Schicht dunkelbraune, in dicker Schicht schwarze Massen von salbenartiger bis talgartiger Beschaffenheit. Die Braunkohlenteere haben einen scharfen kreosotartigen Geruch, mitunter riechen sie auch nach Schwefelwasserstoff. Ihr Erstarrungspunkt liegt zwischen 25 und 45 °C. Der Erstarrungspunkt ist von dem Paraffingehalt und von dem Gehalt an harz- und asphaltartigen Substanzen abhängig. Teere mit hohem Paraffingehalt haben hohe Erstarrungspunkte. Auch Teere, die viel Harze und Asphalte enthalten, wie z. B. die Kokereiteere und manche Generatorteere erstarren bei mehr als 40 °C. Entzieht man solchen Teeren die Harze und Asphalte durch selektive Lösungsmittel, so gehen die Erstarrungspunkte zurück. Die Dichte die meist bei 50 °C bestimmt wird, bewegt sich bei Schwelteeren zwischen 0,920 bis 0,970. In früheren Zeiten, als der Industrie noch Kohlen mit mehr Wachsbitumen zur Verfügung standen, lag die Dichte der Schwelteere selten über 0,880. Vorkühlerteere haben höhere Gehalte an festen Fremdstoffen (Benzolunlöslichem), Asche sowie an harz- und asphaltartigen Bestandteilen als EGR-Teere.

Die in Schwelgeneratoren aus westelbischen Briketts gewonnenen Teere unterscheiden sich in ihrer Beschaffenheit nur wenig von den Teeren aus der Spülgasschwelung. Sie enthalten zwar etwas mehr Fremdstoffe (Benzolunlösliches), haben aber Paraffingehalte von etwa 17 %. Auch Schachtgeneratoren ohne Schwelaufsatz können, sofern sie mit gut ausgesiebter Knorpelkohle oder Briketts beschickt werden und mit einer ordnungsmäßig arbeitenden Kondensationsanlage verbunden sind, Teere liefern, deren Weiterverarbeitung noch lohnend ist. Allerdings haben solche Teere, die meist schon an einer Dichte von über

0,97 erkennbar sind, einen höheren Gehalt an Wasser, Asche, festen Fremdstoffen und Asphalten als Schwelteere. Hoher Staubgehalt in Generatorteeren kann seine Ursache in der strukturellen Beschaffenheit der Kohle haben. Im allgemeinen sind Teere aus ostelbischen Briketts staubhaltiger als die aus westelbischen. Da der Staubgehalt der Teere mit wachsender Schachtbelastung zunimmt können Teere, die aus überlasteten Gaserzeugern gewonnen sind, bis 25% feste Fremdstoffe enthalten. Der Asphaltgehalt der Teere wächst ebenfalls mit steigender Durchsatzleistung des Generators. Der Gehalt an harz- und asphaltartigen Stoffen kann daher, zumal bei ostelbischen Briketts, die an sich Teere mit einem Mehrfachen an solchen Stoffen gegenüber westelbischen Briketts liefern, auf über 20% zunehmen. Asphaltreiche Teere haben den Nachteil, daß sie im allgemeinen mehr Staub einbinden als asphaltarme. Teer aus Synthesegas nach dem Bubiag-Didier-Verfahren enthält mehr niedriger siedende Bestandteile als Schwelteere. Das gleiche ist bei den Druckvergasungsteeren der Fall.

Kennzeichnend für Teere, die aus Briketts von Niederlausitzer xylitischer Braunkohle gewonnen sind, ist hoher Gehalt an sauren Ölen (Kreosoten), niedriger Paraffingehalt und, Hand in Hand damit gehend, hohe Dichte. So enthalten Generatorteere aus ostelbischen Briketts meist über 20% Kreosote und 9 bis 11% Paraffin, während Generatorteere aus westelbischen Briketts im allgemeinen unter 15% Kreosote und 13 bis 15% Paraffin enthalten. Die Kokereiteere aus ostelbischen xylitischen Briketts sind ebenfalls durch hohen Kreosotgehalt (18 bis 24%) sowie durch hohen Gehalt an harz- und asphaltartigen Substanzen (7,5 bis 11%), also an sauerstoffhaltigen Verbindungen, und durch einen gegenüber westelbischen Schwelteeren dementsprechend hohen Sauerstoffgehalt (7,5 gegen 4 bis 4,5%) gekennzeichnet. Der Schwefelgehalt der Kokereiteere ist geringer als der westelbischer Teere (0,3 bis 0,5 gegen 1,5 bis 2%). Weitere Unterschiede bestehen in dem geringeren Paraffingehalt

(11,5 gegen 16,5 %) und in der niedrigeren Siedelage des Kokereiteeres.

In Tafel 5, 6, 7, 8 sind die Kennzahlen und Elementaranalysen verschiedener Teere aufgeführt, die z. T. der Literatur entnommen, z. T. von der Industrie mitgeteilt und z. T. auch durch Untersuchungen des Verfassers und seiner Mitarbeiter festgestellt worden sind.

Von folgenden Gruppen organischer Verbindungen finden sich Vertreter im Teer oder in Teerprodukten:

a) Paraffine (Alkane)
b) Cycloparaffine (Cycloalkane, Naphthene)
c) Ungesättigte Kohlenwasserstoffe (Alkene und Cycloalkene)
d) Aromatische Kohlenwasserstoffe
e) Stickstoffverbindungen
f) Phenole
g) Carbonsäuren
h) Neutrale Sauerstoffverbindungen
i) Schwefelverbindungen
j) Harz- u. asphaltartige Substanzen.

Analysen von Braunkohlenteeren, in denen die prozentualen Mengen sämtlicher in ihnen enthaltenen Gruppen festgestellt worden sind, sind bisher nicht veröffentlicht worden. Marcusson und Picard haben vor etwa 40 Jahren einen Schwelteer und einen Schwelgeneratorteer aus sächs.-thüring. Braunkohle nach Abscheidung des Benzinunlöslichen in Verseifbares und Unverseifbares getrennt und in diesen einige wichtige Verbindungsgruppen nachgewiesen. In dem festen Teil des Unverseifbaren fanden sie neben Paraffinen Alkohole, ungesättigte Kohlenwasserstoffe und Ketone. Die flüssigen Anteile des Unverseifbaren enthielten gesättigte Kohlenwasserstoffe (Paraffine und Naphthene), Olefine, ungesättigte zyklische Kohlenwasserstoffe, Schwefelverbindungen, Basen, Alkohole und Ketone. Das Verseifbare bestand aus Oxysäuren, Fettsäuren und Phenolen.

Tafel 5 Kennzahlen verschiedener Schwelteere

Schwelverfahren und Revier		Kosag-Geißen (Anhalt)	Lurgi-Spülgasschwelung (Borna) Vorkühlerteer	(Borna) EGR-Teer	(Helmstedt)	(Nachterstedt)
Dichte bei 50 °C	g/cm³	0,918	0,984	0,967	0,950	0,884
umgerechnet auf 20 °C	g/cm³	0,939	1,005	0,988	0,971	0,905
Erstarrungsp. (rot. Therm.)	°C	37,5	47,5	38,5	40	45
Viskosität	°E/°C	2,5/50	5,8/70	—	4,0	—
Flammp. (offener Tiegel)	°C	120	232	185	145	137
Wassergehalt	%	0,1	0,11	0,4	0,3	0,3
Staub (Benzolunlösliches)	%	0,04	3,6	0,6	0,1 bis 0,3	0,2
Aschengehalt	%	0,014	1,18	0,10	0,04	—
Asphaltartige Substanzen	%	1,3	7,7	3,9	0,2	—
Saure Anteile (Kreosote)		11,2 Vol.-%	—	9,2 Gew.-%	14 bis 18 Vol.-%	—
Paraffingehalt	%	20,3	18,5	17,2	—	25,1
Ep rot d. Paraffins	%	—	51	49	—	—
Schwefelgehalt	%	1,6	1,8	1,7	1,8 bis 2,0	—
Siedeverhalten: Siedebeginn	°C	205			240	255
		bis 260° 8 % bis 300° 17,5 % bis 360° 42,5 %	Durch Vakuumdestillation (5 Torr, Endtemp. am Kopf 230 °C) abgetriebene Öle 10,8 Gew.-%	38,3 Gew.-%	— bis 300° 14 % bis 350° 50 %	bis 300° 9,4 % bis 350° 32,4 %

Anmerkung: In allen Tabellen bedeuten Striche, daß der betreffende Wert nicht ermittelt wurde oder wenigstens in der Originalliteratur nicht angegeben ist.

Tafel 6 Kennzahlen von Braunkohlen-Kokereiteer aus Niederlausitzer Braunkohlenbriketts

	Untersuchungsjahr	Kreislaufteer 1955	EGR-Teer 1958
Elementaranalyse	C %	81,59	82,00
	H %	9,62	9,54
	S %	0,56	0,24
	N %	0,50	0,54
Asche	%	0,04	0,02
Differenz	O %	7,69	7,66
Verhältnis	H:C	1,41	1,39
Dichte bei 20 °C	g/cm³	0,996	0,989
Viskosität bei 50 °C	cp	49,2	–
Tropfpunkt	°C	47,5	–
Flammpunkt/Brennpunkt	°C	150/158	–
Wassergehalt	Vol.-%	0,46	0,5
Gehalt an festen Fremdst.	%	1,22	0,49
Pyridinunlösliches (nach MALLISON)	%	0,43	–
Asche	%	0,04	0,02
Harz- u. asphaltartige Substanzen	%	9,9	10,0
Basische Anteile	%	1,5	–
Saure Anteile (Kreosote)	%	20,2	21,1
Paraffingehalt	%	–	12,0
Siedeverhalten: Siedebeginn	°C	–	220 bis 230
bis 325 °C übergehend	Vol.-%	–	40
Siedeende Vol.-% bis °C			80/85 bis 355/365

KUO (1947) hat für die Inhaltsstoffe eines Lurgi-Schwelteers aus tschechischer Braunkohle folgende Hauptgruppen genannt:

Harz- und asphaltartige Substanzen	31,2 %
Phenolische Bestandteile	17,4 %
Basische Bestandteile	5,1 %
Neutrale Öle	15,0 %
Paraffin (roh)	6,4 %
Viskose Öle	24,4 %

Ein orientierender Überblick über die Zusammensetzung von zwei Braunkohlenteeren ist aus Tafel 9, von drei Kokereiteeren aus Tafel 10 zu entnehmen.

Tafel 7 Kennzahlen verschiedener Generatorteere

Gaserzeugungsverfahren		Schacht-generator	Schwel-generator	Bubiag-Didier-Synthesegas	Koppers-Synthesegas	Sauerstoff-Druckvergasung	
Einsatzkohlen		Rhein. Brik.	Thür. Brik.	unbekannt	Ostelb. Brik.	Sächs. Bk.	Böhm. Bk.
Dichte bei 20 °C	g/cm³	0,97 bis 0,99	0,942	0,95 bis 0,97	1,025	0,978	0,974
Wassergehalt	%	0 bis 1	—	1	—	2,4	2,0
Staubgehalt	%	0,5 bis 1	1,1	0 bis 0,4	2,9	0,25	0,2
Asphaltart. Subst.	%	20 bis 25	—	—	—	3,8	3,0
Saure Anteile (Kreosote)	%	22	10	—	15,7	9,0	18,0
Paraffingehalt	%	15	17,2	—	13,3	—	—
Siedeverhalten:							
Siedebeginn	°C	—	208	180	246	200	—
bis 250 °C übergehend	Vol.-%	—	—	30	—	14	—
,, 260 °C ,,	Vol.-%	—	15	—	9	—	—
,, 275 °C ,,	Vol.-%	—	—	40	—	22	—
,, 300 °C ,,	Vol.-%	17,5	26	45	24	33	—
,, 320 °C ,,	Vol.-%	—	33	—	30	41	55
,, 350 °C ,,	Vol.-%	—	—	70	—	57	—
,, 360 °C ,,	Vol.-%	67,0	59	—	78	—	75

Tafel 8 Elementaranalysen verschiedener Braunkohlenteere

	Vorkühlerteer von d. Lurgi-Spülgas-schwelung	EGR-Teer von d. Lurgi-Spülgas-schwelung	Bubiag-Didier-Synthesegas-verfahren	Sauerstoff-Druck-vergasung
Einsatzkohle	Westelbische Briketts		unbekannt	Westelb. Bk.
C %	83,29	82,60	82,3	83,72
H %	10,18	10,36	9,8	9,92
S %	1,84	1,67	0,8	1,71
N %	0,77	0,60	0,3	0,32
Asche %	1,18	0,10	unbekannt	–
Differenz O %	2,74	4,67	6,8	4,33
Verhältnis H:C	1,46	1,49	1,42	1,41

Tafel 9 Gruppenaufteilung zweier Braunkohlenteere (nach Klimke und Blass)

		Teer Nr. 1	Teer Nr. 2
Harz- u. asphaltaritge Stoffe	%	7,50	4,56
davon natronlaugelöslich	%	4,65	2,80
Feststoffe	%	1,00	0,35
Saure Bestandteile	%	18,30	12,15
Öle und Paraffine	%	68,84	79,61
Harze I	%	8,11	4,10
Harze II	%	0,76	0,63

Von der homologen Reihe der Alkane enthält der Braunkohlenteer zahlreiche Glieder. Nach Terres, Fischer und Sasse (1950) überwiegen im Rohteer mengenmäßig die Isoparaffine gegenüber den geradkettigen Paraffinen, und zwar beträgt das Verhältnis etwa 60 bis 65 zu 40 bis 35 Gew.-%. Das Festparaffin des Rohteers besteht aus längeren geraden Paraffinketten mit 24 bis 30, ja sogar bis zu 36 C-Atomen, und aus den höheren Homologen desselben Isoparaffintyps mit etwa 25 bis höchstens 48 C-Atomen. Durch die im technischen Betrieb durchgeführte wiederholte krackende Destillation des Rohteers werden die Isoparaffine in der Weise aufgespalten, daß ein geradkettiges Paraffin mit kleinerer Kohlenstoffkette

Tafel 10 Zusammensetzung von drei Braunkohlen-Kokereiteeren (nach LEIBNITZ, SCHMIDT und GUNDERMANN)

		Teer A	Teer B	Teer C
Dichte bei 50 °C	g/cm³	0,960	0,980	0,980
Tropfpunkt (UBBELOHDE)	°C	47	45	46
Stockpunkt	°C	44	41	39
Wassergehalt	%	0,1	0,6	0,45
Mech. Verunreinigungen (Benzolunlösliches)	%	0,62	0,58	0,44
Asphaltartige Substanzen (in n-Heptan Unlösliches)	%	18,8	11,7	17,4
Paraffine und Naphthene	%	12,54	13,1	13,0
davon n-Paraffine	%	9,4	8,4	9,0
Olefine	%	13,4	15,0	14,1
Einfache mehrkernige Aromaten	%	5,7	5,7	5,6
Höhere Aromaten und Schwefelverbindungen	%	11,7	12,4	11,2
Säuren, Ketone, Lactone	%	14,5	13,7	15,0
Phenole	%	14,7	18,3	14,7
Basen und unbekannter Rest	%	5,1	4,9	4,9
Verluste	%	3,5	5,2	4,1

und ein olefinischer Isoparaffinrest bzw. ein Isoparaffin gleichen Typs aber mit niedrigerem Molgewicht und ein geradkettiges Olefin entstehen. Das Gesamtparaffin des mehrfach redestillierten Braunkohlenteers besteht demzufolge aus etwa $^2/_3$ n-Paraffinen und etwa $^1/_3$ Isoparaffinen. Durch die Aufspaltung der größeren Paraffinmoleküle des Rohteers in die kleineren des Redestillats geht rund $^1/_3$ des Gesamtparaffins des Rohteers in flüssige Produkte über und damit für die eigentliche Paraffingewinnung verloren.

Aus zwei Teeren aus miozäner rheinischer Braunkohle isolierten FROMM und ECKHARDT (1923) folgende Paraffine:

$$C_{23}H_{48} \quad C_{24}H_{50} \quad C_{26}H_{54} \quad C_{28}H_{58} \quad C_{32}H_{66} \quad C_{34}H_{70}.$$

KRAFFT (1888 und 1907) hat in einem sächsischen Braunkohlenteer-Hartparaffin 35 Glieder der Reihe C_nH_{2n+2}

gefunden, und zwar vorwiegend mit 17 bis 36 C-Atomen. In dem Vorlauf seiner Destillate waren außerdem aber noch C_{15} und C_{16}-Paraffine und in dem Destillationsrückstand Kohlenwasserstoffe mit 48 bis 50 C-Atomen vorhanden.

Welche Cycloalkane sich in den eigentlichen Teeren befinden, ist bis jetzt nicht bekannt. In den Leichtölen sind dagegen verschiedene alicyclische Kohlenwasserstoffe nachgewiesen worden.

Im Gegensatz zu Erdölprodukten enthalten Braunkohlenteere relativ große Mengen ungesättigter Verbindungen, wie aus den hohen Jodzahlen der Teere oder ihrer schonend gewonnenen Destillate hervorgeht. In den Neutralöl-Destillaten eines Lurgi-Schwelteeres aus westelbischer Kohle wurden vor wenigen Jahren JZ nach KAUFMANN ermittelt, die sich zwischen 120 bis 160 bewegten. In einem Kokereiteer aus ostelbischer Kohle wurde kürzlich eine JZ von 167 festgestellt. Neben einfachen Alkenen sind wahrscheinlich auch Olefine mit mehreren Doppelbindungen sowie cyclische ungesättigte Kohlenwasserstoffe in den Teeren vorhanden. Einzelne Individuen dieser Gruppen sind bisher aber allein in Leichtölen bestimmt worden.

Es wird angenommen, daß die alicyclischen Verbindungen bei der Entgasung der Kohle aus dem Harzbitumen entstanden sind. Vorwiegend durch Dehydrierung primär vorhandener Alicyclen bilden sich dann die aromatischen Kohlenwasserstoffe. Von diesen wurde das Durol (1.2.4.5-Tetramethylbenzol) von ROSENTHAL (1923) in einem Schwelgeneratorteer aus westelbischen Briketts entdeckt. Naphthalin findet sich in relativ geringer Menge in allen Braunkohlenteeren. Es wurde bereits von HEUSLER und OEHLER in den 90er Jahren in den damaligen Rolleofen-Teeren nachgewiesen. Aber auch die heutigen Spülgasschwelteere enthalten Naphthalin. Vf. u. Mitarb. gewannen aus den zwischen 205,5 und 222,6 °C siedenden Fraktionen des Böhlener Versandteers insgesamt 13,4% Naphthalin, was auf den Gesamtteer bezogen, jedoch nur

0,05% ausmacht. Verschiedene Methylnaphthaline wurden in Mittelölen gefunden.

Bestandteile des Harzbitumens der Kohle sind, wie früher bereits gezeigt wurde, die Terpene und Polyterpene, deren Vorhandensein daher auch in den Teeren angenommen wird. Durch Dehydrierung von Sesquiterpenen können bei der Teerbildung die Azulene entstanden sein. HERZENBERG und RUHEMANN (1925) haben aus Neutralölfraktionen eines westelbischen Generatorteers ein dunkelblau gefärbtes Öl isoliert, als dessen färbenden Bestandteil sie ein Azulen ermittelten. Sie sprachen dieser Substanz die Formel $C_{15}H_{18}$ zu.

Die Stickstoffverbindungen des Teers stammen wahrscheinlich aus den Eiweißspaltprodukten des pflanzlichen Urmaterials der Kohle. Sie liegen zum überwiegenden Teil als cyclische Basen, teils frei, teils als Additionsverbindungen mit Phenolen, in Mengen von etwa 1 bis 5%, bezogen auf Teer, vor. Nachdem Pyridin in Braunkohlenteeren bereits in den 90er Jahren gefunden worden war, isolierte IHLDER (1904) aus den zwischen 141 und 175 °C siedenden Fraktionen eines Basengemisches, das aus sächs.-thüring. Rolleofenteer gewonnen war, die drei isomeren Picoline, vier Dimethylpyridine (Lutidine) sowie das Collidin. RUHEMANN und VOLLMER (1924) bestätigten diese früheren Ergebnisse und wiesen außerdem Chinolin und Isochinolin, ein Monomethylchinonolin, drei isomere Dimethylchinoline und ein Trimethylchinolin nach. PROFFT und MELICHAR (1955) haben 2.4.6-Collidin aus einem Braunkohlen-Teeröl isoliert.

Das schwachbasische Anilin wurde verschiedentlich in Braunkohlenteeren gefunden. Die nichtbasischen Stickstoffverbindungen sind unbekannt. Man vermutet, daß in den Leichtölen Pyrrole und Nitrile vorkommen.

Von allen Inhaltsstoffen der Braunkohlenteere sind die Phenole im Laufe von mehreren Jahrzehnten am gründlichsten bearbeitet worden. Nachdem Phenol, die drei Kresole, Guajacol und Kreosol bereits in den 90er Jahren in Rolleofenteeren nachgewiesen worden waren, isolierten

Ruhemann und Avenarius (1926) aus westelbischem Generatorteer m-Kresol, zwei Xylenole, zwei Trimethylphenole und ein Tetramethylphenol. In einem tschechischen Generatorteer fanden Steinkopf und Höpner (1926) Phenol, die drei Kresole, drei Xylenole, p-Äthylphenol und β-Naphthol. Kuo (1947) hat in einem Lurgi-Schwelteer aus tschechischer Braunkohle neben dem Phenol und den drei Kresolen folgende Phenole identifiziert:

2.6-Xylenol 2.5-Xylenol 2.4-Xylenol 2.3-Xylenol
3.5-Xylenol 3.4-Xylenol m-Äthylphenol Mesitol
Brenzcatechin Homobrenzcatechin β-Naphthol.

Der Nachweis der hochsiedenden Phenole, die in den eigentlichen Teeren den Hauptteil der in ihnen enthaltenen Sauerstoffverbindungen bilden, stößt darum auf Schwierigkeiten, weil die höheren Phenole auch bei schonender Vakuumdestillation in nicht mehr destillierbare Phenolharze umgewandelt werden. In Phenolölen aus ostelbischem Kokereiteer stellten Leibnitz, Gundermann und Siller (1960) in einer Probe nur 7%, in einer anderen Probe nur 3,4% destillierbare Phenole fest. In den destillierbaren Phenolen wurden nachgewiesen:

		Probe I	Probe II
Phenol und o-Kresol	%	7	4
m-p-Kresol-Fraktion	%	8	10
2.4- und 2.5-Xylenol	%	4	9
m-p-Äthylphenol-Fraktion	%	13	9
Rest Xylenol-Fraktion	%	11	
Brenzcatechin	%	10	10

Außerdem wurden papierchromatographisch identifiziert: Guajacol, o-Äthylphenol, 2.3-Xylenol, Kreosol, 3.5-Xylenol, 2.4-Methyläthylphenol, 2.3.5-Trimethylphenol, p-Äthylguajacol. Berücksichtigt man die geringen Prozentsätze an destillierbaren Phenolen, so kommt man zu dem Ergebnis, daß die eigentlichen Teere an wertvollen Phenolen verhältnismäßig arm sind.

Bull (1957) hat in einem hessischen Schwelteer aus Wölfersheim neben Brenzcatechin folgende hochsiedende Phenole identifiziert:

m-Methoxyphenol	Carvacrol	3.5-Diäthylphenol
5-Oxyhydrinden	Resorcin	2-Oxydiphenyl
β-Naphthol	α-Naphthol.	

In wässeriger Sodalösung lösliche Carbonsäuren finden sich in heutigen Braunkohlenteeren in Mengen von etwa 0,3 bis 0,7%. Von Carbonsäuren haben Ruhemann und Avenarius (1923) in den unteren Fraktionen eines westelbischen Generatorteers vorwiegend einbasische Säuren der Formel $C_nH_{2n-2}O_2$, in den höhersiedenden Anteilen außerdem solche vom Typus $C_nH_{2n-4}O_2$ festgestellt, von denen sie annehmen, daß sie cyclische Struktur besitzen. Im Gegensatz zu den Genannten hat Dietzsch (1962) in Destillations-Rückständen aus westelbischen Braunkohlen-Rohphenolölen aliphatische Carbonsäuren bis C_{11} nachgewiesen. Höhere Fettsäuren als Laurinsäure wurden von ihm nicht gefunden; niedere Fettsäuren unterhalb der Valeriansäure (C_2-, C_3-, C_4-Säuren) waren nur in geringer Menge vorhanden. Die Hauptanteile der isolierten Carbonsäuren bildeten die C_7, C_8- und C_9-Säuren; das Maximum lag bei den C_8-Säuren.

Von den Carbonsäuren und Phenolen befreite Teere haben je nach Provenienz noch einen Sauerstoffgehalt von etwa 1 bis 3%, woraus hervorgeht, daß in ihnen beträchtliche Mengen neutraler Sauerstoffverbindungen vorkommen. Leider sind diese Verbindungen erst wenig untersucht worden. Am bekanntesten sind die aliphatischen Ketone, die bei der thermischen Behandlung der Kohlen aus den Komponenten des Wachsbitumens gebildet sind. Es ist anzunehmen, daß alle Teere das schon früher erwähnte Montanon und vermutlich noch ähnliche Ketone etwas geringerer Molekülgröße enthalten. Marcusson und Picard (1921) haben den Ketongehalt der festen Anteile eines Rolleofenteers (30%) zu 27% und der festen Anteile eines westelbischen Schwelgeneratorteers (16%) zu 14% ermittelt. In den Teeren befinden sich vermutlich ferner Ketone mit niedrigeren Molekulargewichten bis schließlich zu den Anfangsgliedern dieser Reihe, die in den leichteren Teerfraktionen nachgewiesen worden sind. PFAFF und KREUTZER (1923) fanden in Treibölen 3,3% und in dunklen Paraffinölen 4,5% Ketone. Gegenüber den aliphatischen sind die cyclischen Ketone in geringerer Menge zugegen. HERZENBERG, v. WINTERFELD und FISCHER haben in dem zwischen etwa 70 bis 150 °C (12 Torr) siedenden Neutralöl eines westelbischen Schwelgeneratorteers mehrere isomere cyclische Ketone mit der Summenformel $C_7H_{10}O$ identifiziert.

Welche Alkohole und Ester in den eigentlichen Teeren enthalten sind, ist bisher nicht festgestellt. Man nimmt an, daß sie nur in relativ kleinen Mengen vorliegen, wobei aber wahrscheinlich ist, daß mindestens in den schonend gewonnenen Schwelteeren Wachsalkohole und -Ester anwesend sein können.

Der größte Teil der in Braunkohlenteeren vorhandenen neutralen Sauerstoffverbindungen ist noch unbekannt. Es wird angenommen, daß er aus Furanderivaten besteht, die als Abbauprodukte der Cellulose zu erwarten sind.

Die Schwefelverbindungen des Baunkohlenteers dürften aus dem Schwefelkies, der in den Kohlen vorhanden ist, aus Produkten, die durch Einwirkung schwefelhaltiger Bakterien entstanden sind, oder aus den Eiweißstoffen des Urmaterials der Kohle stammen. Mit den Schwefelverbindungen haben sich verschiedene Forscher im Laufe mehrerer Jahrzehnte befaßt, wobei allerdings das Hauptaugenmerk auf die in den Leichtölen vorhandenen Gruppen gelegt wurde. Hierauf wird darum bei den Leichtölen zurückzukommen sein.

Die harz- und asphaltartigen Stoffe sind tiefschwarze, pechähnliche, in Aliphaten unlösliche, in Alkoholen dagegen lösliche Substanzen, von denen man annimmt, daß sie zu einem wesentlichen Teil durch Wärmepolymerisation von Phenolen entstanden sind, da sie sich zu 40 bis

50% in Laugen lösen. Sie können zum Teil aber auch aus Bestandteilen des Harzbitumens der Kohle, vielleicht aus den polymerisationsfreudigen Terpenen, gebildet sein. Wahrscheinlich ist ferner das Vorhandensein von Metallseifen. Ein von LEIBNITZ und GUNDERMANN (1960) durch Kaltextraktion mit n-Hexan aus ostelbischem Kokereiteer gewonnener Asphalt hatte folgende Kennzahlen:

Dichte bei 20°C	g/cm³	1,177
Tropfpunkt (UBBELOHDE)	°C	66,0
Erweichungspunkt (RuK)	°C	61,7
Asche (Glührückstand)	%	0,59

Die E-Analyse dieser Substanz ergab folgende Werte:

	75,27%	C
	7,54%	H
	0,48%	S
	0,89%	N
	0,59%	Asche
	15,23%	O (als Rest zu 100%)
Verhältnis H:C	1,19	

Die harz- und asphaltartigen Stoffe sind die Ursache für die trotz geringeren Paraffingehaltes relativ hohen Stock- bzw. Erstarrungspunkte und Viskositäten der ostelbischen Kokerei- und mancher Generatorteere.

5.3. *Beschaffenheit und Inhaltsstoffe des Mittelöls*

Das Mittelöl ist ein leichter siedender Anteil des Braunkohlenteers, der aus den Schwel- bzw. Kokereigasen nach dem Abscheiden des EGR-Teers gewonnen wird. Es handelt sich um die Teeranteile, die in der Kondensation nach dem Passieren des EGR-Apparates meist in den Querrohrkühlern niedergeschlagen werden (siehe S. 50). Mengenmäßig macht das Mittelöl etwa 25 bis 30% des Gesamtteers aus. Das Mittelöl ist ein schwarzbraunes, unangenehm riechendes Öl, das bei einwandfreiem Betrieb der elektrischen Teerscheider nur wenig Festparaffin enthält und dann einen verhältnismäßig tiefen Stockpunkt besitzt. Bei Überlastungen oder Störungen der EGR-Apparate gelangt Festparaffin in das Mittelöl, und sein Stockpunkt kann dann bedeutend ansteigen.

Tafel 11 zeigt die Kennzahlen von Mittelölen verschiedener Provenienz. Die Werte stammen z. T. aus der Literatur, z. T. aus Untersuchungen des Vf. und seiner Mitarbeiter.

Alle Mittelöle bestehen zu einem beträchtlichen Teil aus Phenolen. Ihr Phenolgehalt ist stets höher als der der zugehörigen EGR-Teere. Durch einen besonders hohen Gehalt an sauren Ölen ist wieder das ostelbische Kokerei-Mittelöl gekennzeichnet. Es unterscheidet sich von westelbischem Schwelteer-Mittelöl ferner durch einen höheren Gehalt an benzolunlöslichen, hochmolekularen Kohlenstoffverbindungen sowie an harz- und asphaltartigen Substanzen. Auf Grund seines Reichtums an all diesen Sauerstoffverbindungen ist der Sauerstoffgehalt des Kokerei-Mittelöls höher als der des westelbischen Mittelöls.

Eine größere Probe ostelbischen Kokerei-Mittelöls wurde aus einer Kupferblase bis auf Pech destilliert. Hierbei wurden erhalten:

90,8 Gew.-% Destillat
5,7 Gew.-% Pech
3,5 Gew.-% Wasser und Verluste.

Durch Behandeln mit 20%iger Salzsäure, 10%iger Sodalösung und 5%iger Natronlauge wurde das Destillat zerlegt in:

Basen	1,74%	bezogen auf Mittelöl
Carbonsäuren	0,36%	„ „ „
Phenole	35,07%	„ „ „
Neutralöle	49,69%	„ „ „
Verluste	3,94%	„ „ „

Den einzelnen Inhaltsstoffen des Mittelöls haben sich besonders in den letzten Jahren verschiedene Forscher zugewandt. LANDA, ROMOVÁČEK und ROMOVÁČKOVA

(1955) isolierten aus einem Lurgi-Schwelmittelöl aus tschechischer Braunkohle, das bei einer Dichte von $d_4^{25} = 0{,}988$ 46% saure Öle enthielt und zu 82 Vol.-% zwischen 105 und 300 °C siedete, folgende n-Alkane: n-Decan, n-Undecan, n-Dodecan, n-Tridecan, n-Tetradecan, n-Pentadecan. Die isolierten Mengen waren allerdings sehr gering. Insgesamt wurden nur 0,4 Gew.-% obiger n-Alkane, bezogen auf Mittelöl, nachgewiesen. Von LANDA und HALA (1959) wurden später aus dem gleichen Mittelöl noch gewonnen: n-Hexadecan, n-Heptadecan, n-Octadecan, n-Nonadecan, n-Eikosan.

Aus dem vorhin genannten Kokerei-Mittelöl haben Vf. u. Mitarb. an Naphthalin 4,15%, bezogen auf Neutralöl, 2,06%, bezogen auf Mittelöl, aus einem westelbischen Schwelmittelöl ($d_{20} = 0{,}959$, Stockpunkt 8 °C) hat KRUMBHOLZ (1955) 2 bis 3% Naphthalin, bezogen auf Mittelöl, gewonnen. Trotz verschiedener Kohle und verschiedenen Entgasungsverfahrens wurden also fast die gleichen Naphthalinmengen erhalten. HERZENBERG, RUHEMANN und WICHTERICH (1927) isolierten aus dem Mittelöl eines westelbischen Generatorteers verschiedene Naphthalinhomologe, die sie als α-Methylnaphthalin $C_{11}H_{10}$, als α-Isopropylnaphthalin $C_{13}H_{14}$ und als 1.3- oder 2.4-Methylisopropylnaphthalin $C_{14}H_{16}$ ansprachen. Von KRUMBHOLZ (1955) wurden folgende Methylnaphthaline in obigem westelbischen Schwelmittelöl nachgewiesen

α-Methylnaphthalin
β-Methylnaphthalin
1.6-Dimethylnaphthalin
2.6- „
2.3- „
1.2- „
1.2.7-Trimethylnaphthalin
1.2.5- „
1.2.5.6-Tetramethylnaphthalin.

In dem gleichen Schwelmittelöl wurden von TREIBS und KRUMBHOLZ (1954) 0,0045% Azulen, bezogen auf Mittelöl,

Tafel 11 Durchschnittliche Kennzahlen von Mittelölen verschiedener Provenienz

		Lurgi-Spülgasofen (sächs. Kohle)	Lurgi-Spülgasofen (braunschweig. Kohle)	Generator (rheinische Kohle)	Vertikalkammerofen (Hochtemperaturverkokung, ostelbische Kohle)
Dichte bei 20°C	g/cm³	0,935	0,960	0,91 bis 0,97	0,978
Stockpunkt	°C	−10	−10	nicht angegeben	−10
Flammpunkt	°C	82	110	nicht angegeben	104
Viskosität bei 20°C	°E	1,4	1,8	nicht angegeben	6,5
Wassergehalt	%	nicht angegeben	0,4	0 bis 1	1,9
Feste Fremdstoffe (Benzolunlösliches)	%	nicht angegeben	0,04	0,04 bis 0,15	0,17
Asphalte	%	nicht angegeben	0,1	nicht angegeben	2,5
Glührückstand (Asche)	%	nicht angegeben	nicht angegeben	nicht angegeben	0,05
Basische Anteile	Gew.-%	nicht angegeben	nicht angegeben	nicht angegeben	2,3
Saure Anteile (Kreosote)		26,0 Vol.-%	20 Vol.-%	10 bis 38 Vol.-%	38 Gew.-%
Siedeanalyse:					
Siedebeginn	°C	175	190 bis 230	165 bis 200	67 bis 100
bis 150° übergehend	Vol.-%	–	–	–	1 bis 12
bis 200° übergehend	Vol.-%	6	nicht angegeben	5,5	2 bis 40
bis 250° übergehend	Vol.-%	nicht angegeben	35	nicht angegeben	31 bis 78
bis 260° übergehend	Vol.-%	58	nicht angegeben	73,4	42 bis 82
bis 275° übergehend	Vol.-%	nicht angegeben	70	nicht angegeben	–
bis 300° übergehend	Vol.-%	83	85	90,6	80 bis 95
Siedeende	°C	92 % 330 °C	330 °C	94 % 360°C	95 % 300 bis 330 °C

Tafel 11 (Fortsetzung)

		Lurgi-Spülgasofen (sächs. Kohle)	Lurgi-Spülgasofen (braunschweig. Kohle)	Generator (rheinische Kohle)	Vertikalkammerofen (Hochtemperaturverkokung, ostelbische Kohle)
Elementar-Analyse:	C %	nicht angegeben	nicht angegeben	–	80,36
	H %	nicht angegeben	nicht angegeben	–	9,18
	S %	1,4	2,8	–	0,61
	N %	nicht angegeben	nicht angegeben	–	0,62
als Rest zu 100 =	O %	–	–	–	9,18
Verhältnis H:C		–	–	–	1,36

gefunden, wobei sie annahmen, daß es mit dem Grundazulen $C_{10}H_8$ identisch ist. Weiterhin isolierten sie aus dem Mittelöl 1.4-Dimethyl-7-isopropyl-azulen (Guajazulen) sowie 4.8-Dimethylazulen. Aus dem vorhin erwähnten Schwelmittelöl tschechischer Provenienz isolierten LANDA, ROMOVÁČEK und ROMOVÁČKOVA (1957) ebenfalls unsubstituiertes Azulen und 2-Methylazulen.

Aus den höchstsiedenden Fraktionen des westelbischen Schwelmittelöls hat KRUMBHOLZ (1955) Anthracen abgeschieden.

Für die Phenole eines ostelbischen Kokereimittelöls hat GUNDERMANN (1960) nach den Untersuchungen von SILLER folgende Werte angegeben:

		Probe I	Probe II
Destillierbare Phenole		22,8	24,8
darin enthalten:			
Phenol	%	9	13
o-Kresol	%	8	8
m-p-Kresol	%	35	32
2.4- und 2.5-Xylenol	%	9	6
m-p-Äthylphenolfraktion	%	22	21
höhere Phenole	%	17	20

In der m-p-Kresolfraktion wurden ferner nachgewiesen Guajacol und o-Äthylphenol, in der m-p-Äthylphenolfraktion Kreosol, 2.3-Xylenol und 2.4-Methyläthylphenol, unter den höheren Phenolen 3.5- und 3.4-Xylenol, 2.3.5-Trimethylphenol und p-Äthylguajacol.

Über die Mittelölrückstände aus westelbischen Schwelteeren finden sich in der Literatur keine Angaben. GUNDERMANN u. a. haben den Mittelölrückstand einer ostelbischen Großkokerei, der ein Gemisch aus den beiden Rückständen von der Mittelöldestillation und von der Destillation des Waschöls ist, untersucht. Dieser Mittelölrückstand unterschied sich von den Teeren dadurch, daß er bei 20 °C noch flüssig war. Infolgedessen war auch sein Siedebereich niedriger als der der Teere. Während bei den Kokereiteeren bis 350 °C nur etwa 60 Vol.-% übergingen, destillierten beim Mittelölrückstand 80 Vol.-% über. Man kann den Mittelölrückstand durch Vakuumdestillation in etwa 60 Gew.-% paraffinfreies Öl mit einem Stockpunkt von — 0°C und etwa 40 Gew.-% Weichpech zerlegen. In seinen sonstigen analytischen Werten war der Mittelölrückstand den Teeren ähnlich (siehe Tafel 12). Allerdings

Tafel 12. Durchschnittliche Kennzahlen eines Braunkohlen-Kokerei-Mittelölrückstandes

Dichte bei 20 °C	g/cm³	1,005
Stockpunkt	°C	+17
Viskosität bei 50°C	cp	27,8
Wassergehalt	Vol.-%	0,2
Gehalt an festen Fremdstoffen (Benzolunlösliches)	%	1,42
Gehalt an harz- und asphaltartigen Stoffen	%	11,1
Basische Anteile	Gew.-%	14,7
Saure Anteile (Kreosote)	Gew.-%	17,20
Elementaranalyse	C %	82,02
	H %	9,31
	S %	0,64
	N %	0,61
	Asche %	0,14
	O %	7,27
	H : C	1,35

enthielt er durchschnittlich etwas mehr benzolunlösliche Substanzen sowie harz- und asphaltartige Substanzen als die Teere. Der Anteil an destillierbaren Phenolen war im Mittelölrückstand ebenso gering wie im EGR-Teer. In den Destillaten des Phenolöls aus dem Mittelölrückstand wurden papierchromatographisch die gleichen Phenole nachgewiesen wie im EGR-Teer. Bei der Feindestillation des Mittelölrückstandes wurden aus den letzten Fraktionen Kristalle ausgeschieden, die als Anthracen identifiziert wurden.

5.4. Beschaffenheit und Inhaltsstoffe des Leichtöls

Streng genommen ist das Leichtöl ebenfalls ein Bestandteil des Braunkohlenteers. Es besteht aus den gleichen chemischen Gruppen wie der Teer, nur herrschen im Leichtöl die leichteren und niedriger siedenden Verbindungen vor.

Das Leichtöl ist eine bräunliche, leicht bewegliche Flüssigkeit von unangenehmen Geruch, der besonders von den in ihm enthaltenen Schwefel- und Stickstoffverbindungen herrührt. An Phenolen ist das Leichtöl bedeutend ärmer als das aus der gleichen Kohle und nach demselben Entgasungsverfahren gewonnene Mittelöl. Die in geringerer Menge im Leichtöl vorhandenen Phenole sind aber wertvoller, weil sie zu einem wesentlichen Teil aus den niederen Gliedern dieser Reihe bestehen.

In Tafel 13 sind die Kennzahlen verschiedener Leichtöle aufgeführt. Die Werte sind z. T. der Literatur entnommen, z. T. vom Vf. und seinen Mitarbeitern ermittelt worden. Bemerkenswert hierzu sind die Unterschiede in dem Gehalt an sauren Anteilen (Kreosoten) und an Schwefel zwischen den westelbischen Schwelleichtölen und dem ostelbischen Kokerei-Leichtöl. Ebenso wie bei den eigentlichen Teeren und Mittelölen ist in dem Kokerei-Leichtöl der Kreosotgehalt bedeutend höher und der Schwefelgehalt bedeutend niedriger als in den westelbischen Leichtölen. Ferner bestehen Unterschiede in dem H:C-Verhältnis. Das Kokerei-Leichtöl erscheint mit einem H:C-Verhältnis von 1,41 etwas aromatischer als das westelbische Lurgi-Schwelleichtöl mit einem H:C-Verhältnis von etwa 1,54. Allerdings besitzt das Braunkohlen-Kokerei-Leichtöl nicht annähernd die Aromatizität wie die Steinkohlenteer-Kokerei-Leichtöle, worauf noch zurückzukommen sein wird.

Von den drei Hauptfraktionen des Braunkohlenteers, dem Teer, dem Mittelöl und dem Leichtöl, ist letzteres bisher am besten erforscht worden. Bezüglich der Zusammensetzung des Kohlenwasserstoffteils des Schwelleichtöls sind besonders die erst in jüngster Zeit durchgeführten Arbeiten von SEUMEL, RUNGE und KÜHNHANSS (1958) von Interesse, die den bis etwa 160 °C siedenden Schnitt eines in der laufenden Produktion einer Lurgi-Schwelanlage aus sächsischer Braunkohle angefallenen Leichtöls untersuchten. Das Leichtöl hatte folgende Kennzahlen:

$d_4^{20} = 0{,}8730$	Kreosotgehalt = 9 Vol.-%
Siedebereich:	98 Vol.-% 58/250 °C
E-Analyse:	82,20% C 10,79% H 2,94% S
	0,25% N 3,82% O H:C = 1,56.

In dem bis 160 °C siedenden Schnitt dieses Leichtöls wurde folgende Stoffgruppenverteilung festgestellt:

11% n-Alkane und Cycloalkane
46% Alkene
24% Aromaten
19% Verbindungen mit Heteroatomen.

Der gesättigte Anteil bestand aus:

9,37% vorwiegend geradkettigen Alkanen
1,15% 5-Ring-Cycloalkanen
0,48% 6-Ring-Cycloalkanen.

Der Hauptteil der gesättigten Kohlenwasserstoffe (7,79% auf Leichtöl) setzte sich aus n-Pentan, n-Hexan, n-Oktan und n-Nonan zusammen, während die Isomeren

Tafel 13 Durchschnittliche Kennzahlen von Leichtölen verschiedener Provenienz

		Borsig-Geißen-Heiz-flächen-ofen (anhalt. Kohle)	Lurgi-Spülgasofen I (sächsische Kohle)	Lurgi-Spülgasofen II (sächsische Kohle)	Vertikal-kammerofen (Hoch-temperatur-verkokung) (ostelb. Kohle)
Dichte bei 20 °C	g/cm³	0,779	0,85	0,872	0,917
Flammpunkt (TGL 0/51758)	°C	− 9	nicht best.	nicht best.	+ 4
Brennpunkt	°C	nicht best.	nicht best.	nicht best.	+ 14
Viskosität		„	0,9 °E/50 °C	1,1 °E/20 °C	1,15 °E/20 °C
Wassergehalt (TGL 0/51582)	%	„	0,04	0,9	1,5
Mechanische Verunreinigungen (Benzolunlösl.)	%	„	nicht best.	nicht best.	0,19
Glührückstand (Asche)	%	„	0,0	0,0	0,043
Basische Anteile	Gew.-%	„	nicht best.	3,1	2,44
Saure Anteile (Kreosote)	Gew.-%	3,8	5,0	10,0	25,2
Siedeanalyse (bei Normaldruck):					
Siedebeginn	°C	45	75	67	64
Siedeende		96 % 220 °C	95 % 200 °C	95 % 220 °C	95 % 259 °C
Elementaranalyse	C %	–	84,52	81,31	79,75
	H %	–	10,92	10,44	9,44
	S %	2,78	3,75	3,44	0,66
	N %	–	0,77 (N + O)	1,10	0,71
als Rest zu 100 =	O %	–		3,71	9,40
Verhältnis H : C		–	1,54	1,53	1,41
		LISSNER-THAU Bd. II S. 99	V. ALBERTI: Schwelfibel 2. Aufl. S. 155/56	Eigene Analysen	

der genannten Paraffine nur in relativ kleinen Prozentsätzen vertreten waren. Die in geringer Menge vorkommenden Cycloalkane waren im Gegensatz zu den n-Alkanen hauptsächlich in Form ihrer Isoverbindungen vorhanden.

Wie alle Braunkohlenteerprodukte enthielt auch dieses Schwelleichtöl relativ große Mengen an ungesättigten Kohlenwasserstoffen. Nachgewiesen wurden an offenkettigen Olefinen: n-Penten, iso-Hexene, n-Hexen, Dimethylpentene, Methylhexene, n-Hepten, n-Okten, n-Nonen, iso-Oktene, iso-Nonene, iso-Decene. Ebenso wie bei den Alkanen herrschten auch hier die geradkettigen mengenmäßig gegenüber den verzweigtkettigen Verbindungen vor. Von Cycloalkenen wurden folgende Individuen genannt: Cyclopenten, Methylcyclopenten, Cyclohexen, Dimethylcyclopentene, Methylcyclohexene, Dimethylcyclohexene. HERZENBERG und von WINTERFELD haben in einem Schwelgenerator-Leichtöl 1930 Trimethyläthylen, ein aliphatisches Penten, je zwei aliphatische Hexene und Heptene, je ein cyclisches Hepten und Octen, Cyclopenten und Cyclohexen sowie 1-Methylcyclopenten ermittelt.

In den leichten Anteilen von Rolleofenteeren wurden in den 90er Jahren von HEUSLER 34% Benzol sowie erhebliche Mengen Toluol und m-Xylol sowie Mesitylen gefunden. In den weit schonender gewonnenen westelbischen Lurgi-Schwelleichtölen wurden neuerdings bedeutend geringere Mengen aromatischer Kohlenwasserstoffe festgestellt, und zwar in der vorhin genannten Arbeit von SEUMEL, RUNGE und KÜHNHANSS (1958):

2,70% Benzol
8,85% Toluol
4,01% Äthylbenzol
3,72% p-Xylol
1,43% m-Xylol
2,65% o-Xylol
0,64% n-Propylbenzol

Mahrwald u. Mitarb. (1960) fanden in westelbischen Schwelleichtölen Benzolgehalte, die sich zwischen 1,71 bis 2,41%, bezogen auf Leichtöl, bewegten. In einem Lurgi-Schwelleichtöl aus ostelbischer Braunkohle (Hirschfelde) ermittelten sie dagegen 6,15% und in einem ostelbischen Kokerei-Leichtöl 7,42% Benzol. Der Benzolgehalt im Kokerei-Leichtöl unterliegt eigenartigerweise sehr großen Schwankungen. Gundermann, Eidner und Weller stellten in 4 verschiedenen Proben des Lauchhammer-Leichtöls aus den Jahren 1956/58 Benzolmengen von 0,77 bis 11,25%, bezogen auf Leichtöl, fest. Die Genannten fanden ferner in dem Muster, das nur 0,77% Benzol enthielt, an Toluol 9,5%, bezogen auf basen- und phenolfreies Neutralöl, 2,43%, bezogen auf Leichtöl, und an Xylol 10%, bezogen auf Neutralöl, 2,6%, bezogen auf Leichtöl. Die gesamten Mengen an niederen Aromaten waren in diesem Kokerei-Leichtöl also wesentlich geringer als in dem von Seumel u. a. untersuchten Schwelleichtöl.

In den niedriger siedenden Anteilen der früheren Rolleofenteere wurde mehrfach Naphthalin nachgewiesen. Daß aber auch die wesentlich schonender gewonnenen Lurgi-Schwelteere Naphthalin enthalten, wurde bereits im Abschnitt 5.2. gezeigt. Aus dem vorhin erwähnten ostelbischen Kokerei-Leichtöl, das nur 0,77% Benzol enthielt, isolierten Gundermann und Eidner 3,65% Naphthalin, bezogen auf das über 145 °C siedende Neutralöl, oder 1,25%, bezogen auf das eingesetzte Leichtöl.

Von cyclischen Basen haben neuerdings Naumann und Leibnitz (1956) in den Leichtölrohbasen von Espenhain folgende Homologen ermittelt:

Pyridin α-Picolin β-Picolin γ-Picolin
α-Äthylpyridin β-Äthylpyridin γ-Äthylpyridin
2.3-Lutidin 2.4-Lutidin 2.5-Lutidin 2.6-Lutidin
3.4-Lutidin 3.5-Lutidin

Die drei Basen β-Picolin, γ-Picolin und 2.6-Lutidin sind im Leichtöl in relativ reichlicher Menge enthalten, so daß sich eine Aufarbeitung nach Ansicht von NAUMANN durchaus lohnen würde. Vor allem γ-Picolin gewinnt als Rohstoff für das TBC-Heilmittel Isonicotinsäurehydrazid immer mehr an Bedeutung. Aber auch β-Picolin ist als Ausgangsmaterial für die Nicotinsäure und das Nicotinsäureamid pharmazeutisch wichtig.

Anilin wurde ebenfalls in Leichtöl nachgewiesen. Daß die Anwesenheit von Pyrrol und von Nitrilen in den leichteren Anteilen des Braunkohlenteers angenommen wird, wurde bereits erwähnt.

Es war ebenfalls gesagt worden, daß von den Phenolen die niederen Glieder (Carbolsäure und Kresole) im Leichtöl in größerer Menge enthalten sind als im Mittelöl und im eigentlichen Teer. Man kann mit einem Gehalt von etwa 25% Carbolsäure und etwa 50% Kresolen, bezogen auf Leichtöl-Rohphenole, rechnen. In technischen Xylenolen, die aus Leichtölphenolen gewonnen waren, fanden einerseits PREISS (1955), andererseits SILLER (1955) folgende Isomeren:

2.5-, 2.4-, 2.3-, 3.5-, 3.4-Xylenol.

Von beiden Forschern wurden außerdem m- und p-Äthylphenol zu 35 bis 41%, bezogen auf die eingesetzten Xylenolfraktionen, festgestellt. Ferner wurden Guajacol, Kreosol und Isokreosol, 2-Methyl-4-äthylphenol sowie Isopseudocumenol (2.3.5-Trimethylphenol), letzteres in den über 225 °C siedenden Anteilen, nachgewiesen. GUNDERMANN (1961) teilte für zwei von SILLER untersuchte Proben Kokerei-Leichtöl folgende Zusammensetzung mit:

		Probe I	Probe II
Destillierbare Phenole	%	23,6	16,0
darin enthalten:			
Phenol	%	15	18
o-Kresol	%	9	10
m-p-Kresolfraktion	%	34	33
2.4- und 2.5-Xylenol	%	7	9
m-p-Äthyl-Phenolfraktion	%	19	18
höhere Phenole	%	16	12

In der m-p-Kresolfraktion wurden außerdem Guajacol und o-Äthylphenol, in der m-p-Äthylphenolfraktion Kreosol, 2.3-Xylenol und 2.4-Methyläthylphenol, bei den höheren Phenolen p-Äthylguajacol, 3.5-Xylenol, 3.4-Xylenol und 2.3.5-Trimethylphenol gefunden.

Die Carbonsäuren des eigentlichen Leichtöls sind im einzelnen nicht bekannt. Aus den Forschungen von Rosenthal (1903) kann man annehmen, daß Propionsäure, n-Buttersäure und n-Valeriansäure vorkommen. Im übrigen werden zum Teil die gleichen aliphatischen Fettsäuren vorhanden sein, die neuerdings von Dietzsch in Braunkohlen-Rohphenolölen festgestellt worden sind (siehe Abschnitt 5.2.).

Von neutralen Sauerstoffverbindungen sind die Ketone, zumal ihre niederen Glieder, in Leichtölen relativ stark vertreten. Pfaff und Kreutzer (1923) ermittelten in einem Leichtöl 2,2% Ketone, von denen sie auf Grund von Molgewicht und E-Analyse vermuten, daß es sich um aliphatische Ketone handelt. Herzenberg und v. Winterfeld (1931) haben in dem Leichtöl einer Schwelgenerator-Anlage, die mit westelbischen Briketts arbeitete, folgende Ketone nachgewiesen:

Methyläthylketon n-Amyläthylketon n-Hexylmethylketon Acetophenon Cyclopentanon

Letzteres wurde nach von Vorländer und Görnandt (1926) aus einem Schwelleichtöl isoliert, während sie Cyclohexanon nicht finden konnten. Gundermann und Weller (1961) haben aus dem bis 160 °C siedenden Neutralölanteil eines Kokerei-Leichtöls 4,75% Aceton und 1% Methyläthylketon abgetrennt, was, auf das eingesetzte Leichtöl bezogen, 1,23 bzw. 0,26% ausmacht.

Äthanol, Methanol und unbekannte Ester sind Bestandteile des aus Schwelwasser gewonnenen Ketonöles. Es ist darum anzunehmen, daß sie auch in Leichtölen vorkommen. Aus der eben genannten Kokerei-Leichtöl-Fraktion wurden 1,04% Methanol erhalten, was, auf das gesamte Leichtöl bezogen, allerdings nur 0,27% ausmacht.

Die westelbischen Leichtöle sind verhältnismäßig reich an Schwefelverbindungen, während die ostelbischen nur relativ geringe Mengen Schwefel enthalten. Nach SZÉKI und ROMWALTER (1931) sind in Braunkohlenleichtölen vertreten: Freier Schwefel, Schwefelwasserstoff, Mercaptane, Thiophene, Disulfide, Thioäther, Thioester und Thiophenole. HEUSLER (1895) hat Thiophen im Leichtöl nachgewiesen und vermutet, daß auch höhere Homologe in Braunkohlenteeren vorkommen können. PFAFF und KREUTZER (1923) haben aus der Toluolfraktion eines Leichtöls 2-Thiotolen, PFAFF u. BRUNCK etwas später Thioxen isoliert. FRANK (1927) ermittelte die Zusammensetzung der Schwefelverbindungen eines Braunkohlenteerleichtöls, das 1,14% Schwefel enthielt, zu 0,08% elementarem Schwefel, 0,06% Mercaptan-S, 0,25% Disulfid-S, 0,03% Thioäther-S und 0,72% (Rest) thiophenartig gebundener Schwefel.

6. Die Technologie der Braunkohlenteerverarbeitung

6.1. Die Verarbeitung des Leichtöls

Nachdem großtechnisch bisher nur aus Schwelwasser Ketonkonzentrate gewonnen wurden, die nach Raffination und Destillation unter dem Namen Esketol, Azetol, Lösungsmittel RK als billige Lacklösungsmittel vertrieben wurden, ist neuerdings beabsichtigt, die Ketone auch aus den Leichtölen zu gewinnen. Zu diesem Zweck können die bis 120°C siedenden Anteile abdestilliert und aus dieser Fraktion die Ketone mittels Wasserwäsche extrahiert werden. Da die Phenolatlaugen, von denen gleich noch die Rede sein wird, mit Ketonen Additionsverbindungen bilden, die beim Klardampfen wieder gespalten werden, besteht außerdem die Möglichkeit, aus den Kondensaten der Klardampfung weitere Ketone zu erhalten. Ein von

Strobach und Grossmann im Kombinat Espenhain entwickeltes Verfahren verwendet Ammoniumbisulfitlauge zur Extraktion der Ketone. Das Verfahren besteht aus folgenden Stufen:

1. Destillation der Einsatzmaterialien
2. Extraktion der Pyridinbasen mit Schwefelsäure
3. Extraktion der Ketone mittels Ammoniumbisulfitlauge (Das Bisulfitaddukt bleibt in Lösung)
4. Extraktion von physikalisch gelösten Verunreinigungen aus der ketonhaltigen Bisulfitlauge durch Waschbenzin
5. Regeneration des Waschbenzins (Kreislaufverwendung)
6. Zerlegung der ketonhaltigen Bisulfitlauge mit Wasserdampf in Ketongemisch und regenerierte Bisulfitlauge, die im Kreislauf geführt wird
7. Entfernung von gelöstem Schwefeldioxyd und Nitrilen aus dem Ketongemisch
8. Feindestillation des Ketongemisches

Erhalten werden:

Azeton,
Methyläthylketon als Hauptprodukt;

ferner

Methylpropylketon-Diäthylketongemisch,
Methyl-n-butylketon,
Cyclopentanon
und eine Reihe von Methylcyclopentanonen.

In den großen Schwelwerken werden die Phenole aus dem bis etwa 220°C siedenden Schnitt des Leichtöls durch Waschen mit verdünnter Natronlauge extrahiert, wozu chargenweise arbeitende Mischer, besser aber Siebbodenkolonnen, verwendet werden. Die Phenolatlauge enthält noch gelöste neutrale und basische Bestandteile, die vor der Zerlegung der Lauge entfernt werden müssen. Gewöhnlich werden diese leichtersiedenden Anteile mit direktem Dampf abgetrieben, ein Vorgang, den man mit „Klardampfen“ bezeichnet. In der Technik erfolgt das Klardampfen in der Weise, daß man die Phenolatlauge über eine mit Füllkörpern gefüllte hohe Kolonne leitet, in die von unten Niederdruckdampf eingeblasen wird. Die abgetriebenen Dämpfe, die auch etwa 10% der in der Phenolatlauge enthaltenen Phenole enthalten, werden in Kühlern kondensiert, und das Kondensat geht in die Entphenolung zurück oder wird künftig der Ketongewinnung zugeführt. In der anschließenden Carbonisierung wird die erhaltene Klarphenolatlauge mit CO_2 in Spezialkolonnen im Gegenstrom begast, und das Gemisch von Rohphenolen und Sodalauge in einem Scheidebehälter getrennt. Aus den Sodalaugen wird die Natronlauge durch Kaustifizieren mit Ätzkalk ($Na_2CO_3 + CaO + H_2O \rightarrow CaCO_3 + 2\,NaOH$) zurückgewonnen. Der bei der Kaustifizierung angefallene Kalkschlamm wird abfiltriert und durch Brennen in Drehöfen wieder in Ätzkalk und CO_2 gespalten. Rohphenole aus Leichtöl (LISSNER-THAU Bd. II) enthalten ungefähr

26% Karbolsäure
50% Kresole
18% Xylenole
6% über 220°C siedende Phenole.

Sie werden im allgemeinen in den Schwelwerken nicht weiterverarbeitet, sondern fremden Betrieben zur Verarbeitung auf Reinprodukte zugeführt.

Im Schwelwerk Offleben erfolgt die Entphenolung der zwischen 150 bis 210 °C siedenden Fraktion des Leichtöls seit 1955 durch zweistufige Gegenstromextraktion mit phenolarmen Schwelwasser von etwa 160 °C im Verhältnis Öl zu Wasser = 1:7 unter einem Druck von 20 at. Durch Kühlung und Druckentlastung trennen sich die extrahierten Rohphenole vom Wasser. Erstere gehen nach Klardampfen zur Phenoldestillation, wo sie zusammen mit den Schwelwasserphenolen aus der Phenosolvananlage zu hochwertigen Fertigerzeugnissen aufgearbeitet werden. Letzteres wird nach Abtreiben des in ihm enthaltenen Neutralöls zur Aufstärkung des Schwelwassers verwendet, also mit diesem der Phenosolvananlage zugeführt.

Das zum Teil von seinen Sauerstoffverbindungen befreite Leichtöl ist infolge seiner bräunlichen Farbe und seines unangenehmen Geruchs sowie seines hohen Gehaltes an ungesättigten Kohlenwasserstoffen und Schwefel kein Fertigprodukt, sondern ein Zwischenerzeugnis, das zwecks Verwendung als Motorbetriebsstoff erst raffiniert werden muß. Früher erfolgte die Raffination vorwiegend auf chemischem Wege in folgender Weise: Das Öl wird mit Schwefelsäure verschiedener Konzentration zur Reaktion gebracht. Hierbei bilden sich Polymerisate (Säureharze), durch die ein Teil der ungesättigten Kohlenwasserstoffe und der Schwefelverbindungen sowie die asphaltartigen Stoffe ausgeschieden werden. Gleichzeitig werden andere Schwefelverbindungen, organische Basen und Sauerstoffverbindungen in der Schwefelsäure gelöst und als unerwünschter Vorgang die Aromaten teilweise sulfoniert. Die Säureharze werden von der darüberstehenden Ölschicht abgetrennt; daran schließen sich Wäschen mit Laugen und Wasser sowie eine Destillation an, bei der als erste Fraktion Vergaserkraftstoff mit einer oberen Siedegrenze von 200°C übergeht, dann unter Einspritzung von gesättigtem Wasserdampf eine Dieselkraftstoff-Komponente und der Rückstand in das Heizöl gepumpt wird.

Wegen der starken Substanzverluste (etwa 30%), des hohen Verbrauchs an Chemikalien (H_2SO_4 u. NaOH) und des großen Anfalls nicht verwertbarer Säureharze hat man die chemische Raffination des Leichtöls in Deutschland aufgegeben, zumal der so erzeugte Vergaserkraftstoff mit einem Schwefelgehalt von etwa 2% und mehr den heutigen Anforderungen nicht genügt. Auch das Leichtöl-Reinigungsverfahren nach Rostin-Deutsche Continental-Gas-Gesellschaft, mit dem von 1940 bis ungefähr 1947 in dem jetzt stillgelegten Schwelwerk Edderitz gearbeitet wurde, hat nur noch für solche Länder Interesse, die keine

Hydrierwerke besitzen oder deren Braunkohlengebiete weitab von der chemischen Großindustrie liegen. Bezüglich Einzelheiten dieses Verfahrens sei darum auf die Literatur verwiesen. In der DDR werden die Leichtöle seit einiger Zeit ausschließlich durch Hydrierung nach drei verschiedenen Verfahren, die im folgenden kurz beschrieben werden (siehe auch Abschnitt 6.3.6.), auf Kraftstoffe verarbeitet.

Bei der Hochdruckhydrierung bringt man das Leichtöl, meist zusammen mit Mittelöl und leichteren Anteilen des eigentlichen Teers, in der Gasphase (HTH-Verfahren) oder gemeinsam mit dem ganzen Teer in kombinierter Gas-Sumpfphase (TTH-Verfahren) bei einem Druck von 200 bis 300 at und Temperaturen von 250 bis 450 °C an geeigneten Katalysatoren mit Wasserstoff in großem Überschuß zur Reaktion. Hierbei wird die überwiegende Menge Sauerstoff, Stickstoff und Schwefel als H_2O, NH_3 und H_2S entfernt und Doppelbindungen werden weitgehend aufhydriert. Diese Verfahren haben gegenüber der chemischen Raffination besonders den Vorteil, daß höhere Kraftstoffausbeuten erzielt werden und außer Wasser keine lästigen Abfallprodukte anfallen. Der durch diese Art der Hydrierung gewonnene Kraftstoff hat aber den Nachteil, daß er eine schlechte Oktanzahl (etwa 53) besitzt, weil die die Klopffestigkeit des Benzins in günstiger Richtung beeinflussenden aromatischen und olefinischen Kohlenwasserstoffe zum großen Teil in gesättigte Verbindungen überführt worden sind. Weitere Nachteile sind die Anwendung teurer Hochdruckapparaturen und der Verbrauch großer Wasserstoffmengen. Bei der neuerdings im Hydrierwerk Zeitz entwickelten Hochtemperatur-Mitteldruck-Hydrierung (HTM-Verfahren) treten diese Nachteile nicht in dem Maße auf. Vor allem wird hierbei aus dem Leichtöl ein Benzin mit hoher Oktanzahl gewonnen, weil die im Einsatzprodukt vorhandenen Aromaten unter den angewendeten Verfahrensbedingungen (60 at, 560 °C) zum überwiegenden Teil erhalten bleiben.

6.2. Die Verarbeitung des Mittelöls

Es war bereits ausgeführt worden (siehe S. 57), daß der größte Teil des Mittelöls in den Schwelwerken selbst verwendet wird, nachdem die bis etwa 210 °C siedenden Anteile abgetrieben sind und eine zwischen 210 und 300°C siedende Fraktion herausgeschnitten ist, die zum Auswaschen des Leichtöls aus den Gasen dient. Es gelangt also nur verhältnismäßig wenig eigentliches Mittelöl zur Weiterverarbeitung. Die Mittelölrückstände und das abgestoßene Waschöl werden im allgemeinen dem Versandteer zugemischt.

Aus dem Mittelöl können in gleicher Weise wie aus dem Leichtöl die Phenole gewonnen werden. Für Rohphenole aus Mittelöl wird folgende Zusammensetzung (LISSNER-THAU Bd. II) angegeben:

5,5—7,8% Karbolsäure
22,5—32,6% Kresole
12,9—27,0% Xylenole.

Auch eine Raffination des Mittelöls mit Schwefelsäure ist möglich. Da diese Art der Reinigung aber hier ebenfalls mit bedeutenden Substanzverlusten verbunden ist und nicht den gewünschten Effekt hat, erfolgt die Aufarbeitung des Mittelöls in der DDR ausschließlich durch Hydrierung (siehe S. 117 u. folg.). Es besteht weiterhin die Möglichkeit, Mittelöl mit selektiven Lösungsmitteln zu reinigen. Hiervon wird später noch die Rede sein (siehe S. 106/111).

In Westdeutschland, wo ein großes Angebot an Erdölprodukten zur Verfügung steht, wird das Mittelöl überhaupt nicht weiterverarbeitet, sondern es wird als leichtes Heizöl verkauft.

6.3. Die Verarbeitung des Teers

Der Braunkohlenteer, wie er von den Schwelwerken, Generatoranlagen und Kokereien kommt, ist ein Zwischenerzeugnis, das durch Weiterverarbeitung in Öle und festes Paraffin zerlegt oder durch Hydrierung in flüssige Treibstoffe umgewandelt werden muß. Verarbeitungswürdig sind alle Schwelteere sowie die Generatorteere, die dem Schwelteer in seiner Beschaffenheit ähneln. Generatorteere mit niedrigem Paraffin- und hohem Asphaltgehalt sind für die Aufarbeitung auf Paraffin nicht geeignet. Sie wurden, solange kein Erdölbitumen zur Verfügung stand, zum Teil in der Bautenschutzmittelindustrie verwertet.

Schwierigkeiten bereitet die Aufbereitung des ostelbischen Kokereiteers. Sein beachtlicher Paraffingehalt rechtfertigt durchaus seine Verarbeitung auf Paraffin. Infolge seines hohen Gehaltes an harz- und asphaltartigen Substanzen sowie seiner thermischen Instabilität, die sich darin äußert, daß der Kokereiteer in der Wärme zusätzlich Asphaltstoffe bildet, läßt er sich nicht nach den üblichen Technologien aufarbeiten, weil die Rohröfen bei der Primärdestillation des Teers bzw. die Vorheizer beim Abdestillieren der leichteren Teerbestandteile für die Gasphase der Hydrierung in kurzer Zeit verkoken und weil die asphaltartigen Stoffe die Gewinnung und Reinigung des Paraffins erschweren. Aus den vorgenannten Gründen läßt sich der Kokereiteer nur in der Sumpfphase hydrieren, aber auch in diesem Falle ist die Hydrierung kostspieliger als die von Schwelteer, weil die im Kokereiteer in größerer Menge vorhandenen Sauerstoffverbindungen einen höheren Wasserstoffverschleiß verursachen. Bei der Hydrierung über fest angeordneten Kontakt schlagen sich die Harze und Asphalte auf dem Kontakt nieder, wodurch dieser verhältnismäßig schnell unwirksam wird. Eine Verarbeitung des Kokereiteers nach dem TTH-Verfahren ist daher unmöglich.

In Westdeutschland werden die in nur geringer Menge produzierten Braunkohlen-Schwelteere nicht aufgearbeitet, weil von der mächtigen Erdölindustrie ausreichend flüssige Treibstoffe und Paraffin auf den Markt gebracht werden. Die Schwelteere werden daher als geringwertiges Heizöl verkauft, was jedoch im Grunde eine Verschwendung von nationalen Rohstoffen bedeutet.

Der Nutzungswert des Braunkohlenteers beruht in erster Linie auf seinem Paraffingehalt, und der Zweck der Teeraufbereitung ist, diesen wertvollen Bestandteil mit größtmöglicher Ausbeute zu gewinnen. Im übrigen richtet sich die Wahl des Aufbereitungsganges nach der Bedarfslage für die sonstigen Fertigprodukte (Vergaserkraftstoff, Dieselkraftstoff, Heizöl, Pech, Elektrodenkoks). Während gutes Paraffin stets ein begehrter Artikel gewesen ist, hat die Nachfrage nach den anderen Erzeugnissen im Laufe der Jahrzehnte mehrfach gewechselt. Im vorigen Jahrhundert waren Leuchtöl, später bis zum Ende des 1. Weltkrieges auch Gasöl für die Erzeugung von Ölgas zur Beleuchtung der Eisenbahnwaggons und Heizöl für die Marine die am meisten gefragten Produkte. Mit dem Einsetzen der Motorisierung in den 20er Jahren rückte die Erzeugung von Vergaserkraftstoff und Dieselkraft in den Vordergrund. Alle diese Produkte wurden bis vor etwa zehn Jahren in allen Teerverarbeitungsbetrieben selbst erzeugt. Heute konzentrieren sich die Werke in der DDR, die mittels des Destillationsverfahrens Braunkohlenteer aufarbeiten, allein auf die Paraffin- und E-Koks-Produktion und liefern alle flüssigen Destillate entsprechend der etwa 1954 eingeführten Verbundwirtschaft an Hydrierwerke. Die steigende Nachfrage nach Elektrodenkoks, für dessen Gewinnung Braunkohlenteer ein ausgezeichneter Rohstoff ist, hat dazu geführt, daß man sich neuerdings mit dem Gedanken trägt, den gesamten Teer zu verkoken.

Um ein marktfähiges Paraffin aus dem Teer zu gewinnen, ist es bei dem Destillationsverfahren notwendig, daß die noch nicht völlig zu Paraffin umgesetzten Anteile des Kohlebitumens gespalten und daß die harz- und asphaltartigen Substanzen zersetzt und abgeschieden werden. Sofern die Teerdestillate nicht zur Hydrierung gehen, ist ferner nötig, die sonstigen Nichtkohlenwasserstoffe, besonders die sauren und basischen Bestandteile zu entfernen. Schließlich müssen die festen Kohlenwasserstoffe, das Paraffin, von den flüssigen abgetrennt werden.

Um dieses alles zu erreichen, können nachstehende Verfahrensstufen angewendet werden:

1. Die mechanische Reinigung des Rohteers,
2. die Destillation,
3. die Reinigung des Rohteers oder der Destillate,
3.1. durch selektive Lösungsmittel oder
3.2. durch Chemikalien,
4. die Kristallisation des Paraffins,
5. die Reinigung des bei der Kristallisation erhaltenen Rohparaffins,
5.1. durch Behandlung mit selektiven Lösungsmitteln und/oder
5.2. durch Raffination mit Schwefelsäure und anschließende Behandlung mit Bleich- und Entfärbungsmitteln,
6. die Hydrierung,
7. Kombination der unter 2 bis 7 genannten Verfahren.

Im Gegensatz zu dem verhältnismäßig einheitlichen Verarbeitungsgang für Steinkohlenteere weichen die Aufbereitungsweisen in den Werken der Braunkohlenteerindustrie je nach den vorhandenen technischen Einrichtungen mehr oder weniger voneinander ab, so daß kein allgemeingültiges Schema für die Teerverarbeitung gegeben werden kann, sondern die einzelnen Verfahrensstufen nur in ihren Grundzügen besprochen werden können.

Wie im Abschnitt 5.2. erwähnt worden war, werden durch die mehrmalige krackende Destillation höhermolekulare Paraffine in niedrigermolekulare Kohlenwasserstoffe gespalten und gehen so für die Paraffingewinnung verloren. Aus diesem Grunde hat HEBERLING 1960 vorgeschlagen, die bisherige Destillationstechnologie durch die Tieftemperatur-Hydrierung des Teers zu ersetzen, bei der keinerlei Abbau kristallisationsfähiger Alkane zu flüssigen Kohlenwasserstoffen stattfindet, sondern eher mit einer Neubildung von festen n-Paraffinen durch hydrierende Absättigung entsprechender Olefine oder durch hydrierende Raffination entsprechender langkettiger Hetero-Verbindungen gerechnet werden kann.

6.3.1. Die mechanische Vorreinigung des Teers

Die mechanische Reinigung des Teers von Staub und Asche hat aus dem Grunde in den letzten 15 Jahren an Bedeutung gewonnen, weil seit dieser Zeit die Leistungen der Schwelöfen außerordentlich gesteigert worden sind, was zur Folge hat, daß wesentlich größere Gasgeschwindigkeiten in den Öfen und Rohrleitungen herrschen und dadurch mehr Staub und Asche in die Teere gelangen. Besonders reich ist der Vorkühlerteer mit 3,5 bis 8% benzolunlöslichen festen Fremdstoffen an solchen Substanzen. Er wird darum gleich in den Schwelwerken durch Schleudern von einem Teil dieser Verunreinigungen befreit. Manche Braunkohlenwerke lassen außerdem ihre Versandteere, die im allgemeinen Gemische von Vorkühlerteer, EGR-Teer, abgestoßenem Waschöl und Mittelölrückstand sind, über Absetzzentrifugen oder Schälzentrifugen gehen, wodurch die Teere aber auch nicht vollständig von Staub und Asche gereinigt werden.

Für einen guten Teer hat SAAGER 1954 folgende Maximalwerte angegeben:

Staub	500 mg/100 g Teer
Asche	100 mg/100 g Teer.

Diese Werte werden jedoch häufig stark überschritten. Es kommen Staubgehalte bis zu 1000 mg und Aschengehalte bis zu 300 mg und darüber vor.

Die Anfuhr des Teers zu den Paraffinfabriken oder Hydrierwerken erfolgt durch Großraum-Kesselwagen, die möglichst mit einer Wärmeschutzschicht versehen sein sollen. Die Wagen werden in den Betrieben durch heizbare Rinnen oder Pumpen in Tanks entleert, in denen der Teer bei 60 bis 80 °C einige Zeit sich selbst überlassen bleibt. Wasser und Schlamm setzen sich dabei infolge ihres höheren spezifischen Gewichts ab und können abgezogen werden. Sie können in Kammerfilterpressen filtriert werden. Der hierbei für die destillative Aufarbeitung genügend staubfrei ablaufende Teer wird dem durch freiwillige Sedimentation gereinigten Teer beigemischt und das Gemisch zur Destillation gepumpt.

Bei manchen Generatorteeren macht die Vorreinigung durch Sedimentation infolge der fast kolloiden Verteilung des Staubes Schwierigkeiten. Solchen Teeren setzt man 1 bis 3% konzentrierte Schwefelsäure zu, mischt gut durch und läßt dann sedimentieren. Auf diese Weise ballen sich die feinsten Teilchen zusammen, und es tritt nach einiger Zeit eine glatte Trennung in Teer und Schlamm ein.

Bei Teeren, die zur Hydrierung kommen, genügt nicht ein einfaches Absitzenlassen. Hydrierwerke reinigen daher ihre Einsatzteere durch Schleudern bei 50 bis 80 °C in automatisch arbeitenden Schälzentrifugen. Für die Tieftemperatur-Hydrierung, bei der ein Gemisch von Teer und Leichtöl über fest angeordneten Kontakt hydriert wird, ist im Hinblick auf die Belagbildung auf den Kontakten ein Staubgehalt von maximal 10 mg/100 g Teer und ein Aschengehalt von maximal 4 mg/100 g Teer notwendig. Solche Teere werden zuerst geschleudert, dann durch eine Wasserwäsche von der löslichen Asche befreit und zum Schluß über Filterpressen, die mit Tüchern und Filtrierpapier bespannt sind, filtriert. Auch diese Art der mechanischen Teerreinigung führt nicht immer zu dem gewünschten Erfolg. Aus diesem Grunde sind in letzter Zeit Versuche mit Trommel-Zellenfiltern und Filterpressen, die beide mit Sintermetall-Platten belegt waren, sowie mit Filterkerzen aus Sinterkeramik durchgeführt worden. Mit keramischen Kerzenfiltern wurden bei westelbischen Schwelteeren sehr gute Effekte erzielt, während sie bei ostelbischen Kokereiteeren vermutlich infolge des zu feinen Staubes versagten. Diese Ergebnisse haben nicht nur für das TTH-Verfahren Bedeutung, sondern sie sind auch für die Teerverarbeitungswerke, die einen für die Elektrodenherstellung geeigneten aschenarmen Koks herstellen wollen, von größter Wichtigkeit, zumal in der Perspektive geplant ist, den gesamten Braunkohlenteer zur Erzeugung von schwefel- und aschenarmen Elektrodenkoksen einzusetzen. In diesem Falle wären die bisherigen Verfahren der Vorreinigung des Teers durch Absetzen und eventuelles Zentrifugieren auch für die Teerverarbeitungsbetriebe völlig unzureichend und müßten durch eine wirksame Filtrationsmethode ersetzt werden.

Besondere Schwierigkeiten bereitet die Entfernung der Asche des ostelbischen Kokereiteers, die zu einem wesentlichen Teil an Phenole gebunden ist. Von SANDER (1960) wurde in Böhlen ein besonderes Entaschungsverfahren entwickelt, bei dem der Teer mit 5%iger Salzsäure gewaschen wird. Auf diese Weise konnte der Aschengehalt auf unter 4 mg/100 g Teer heruntergedrückt werden.

6.3.2. Die destillative Aufarbeitung des Teers

Den verhältnismäßig größten Anteil bei der Verarbeitung des Teers zu Paraffin hat die Destillation, deren Zweck zunächst ist, die öligen Teeranteile von dem Paraffin zu trennen und das Paraffin anzureichern. Der weitere Zweck der Destillation ist, die noch im Teer enthaltenen Bitumenanteile (vor allem Montansäuren) in Kohlenwasserstoffe zu überführen und die Isoparaffinhomologen längerer Kette abzubauen, wobei geradkettige Paraffine entstehen. Bei wiederholter Destillation unterliegen dann auch die Isoparaffinhomologen kleinerer Molekulargewichte der Spaltung, und als unerwünschter Vorgang werden geradkettige Paraffine größerer Kettenlänge in solche mit kleinerer Kette abgebaut. Die technische Destillation des Braunkohlenteers umfaßt im allgemeinen drei verschiedene Stufen: die Primärdestillation, die Nachdestillation (Redestillation) und die Kokungsdestillation.

Die Primärdestillation erfolgt ausschließlich in kontinuierlich arbeitenden Rohrofen-Destillationen nach den von der Erdölindustrie übernommenen Konstruktionen. Das Arbeitsprinzip hierbei ist, daß der Teer in einem durch Gas oder Öl beheizten Rohrsystem bis auf die schwerst flüchtigen Bestandteile verdampft wird und die Dämpfe in einer oder mehreren Kolonnen bei Normaldruck partiell kondensiert werden. Die in den Kolonnen eingebauten Rektifizierböden sind keine Glocken, sondern Siebböden oder Schlitzböden mit übergestülpten Tunneln, die so befestigt sind, daß sie zwecks guter Reinigungsmöglichkeit rasch abgenommen werden können. Zum Schutz gegen die sauren Öle und Schwefelverbindungen des Teers ist die Kolonnen-Innenwand meist mit säurefesten keramischen Platten ausgekleidet. Bisweilen verwendet man auch Edelstahlplattierung.

Bei der Primärdestillation fallen drei Fraktionen an: Rohöl, das bei 300 bis 330 °C über Kopf abdestilliert wird, Paraffinmasse und als Rückstand Weichpech. Obgleich die Destillationsanlagen und Betriebsbedingungen in den einzelnen Teerverarbeitungswerken verschieden sind, kann man überschlägig mit folgenden Mengen rechnen:

10 bis 20% Rohöl, Stockpunkt etwa 15 °C, Kreosotgehalt etwa 15%
60 bis 68% Paraffinmasse, Stockpunkt bzw. Schmelzpunkt 30 bis 40 °C
17 bis 21% Weichpech

Eine Raffination des Rohöls mit Chemikalien findet in der DDR nirgends mehr statt, sondern dieses Öl und auch alle bei den weiteren Destillationen anfallenden Ölfraktionen verlassen den Betrieb und werden zu Hydrierwerken befördert. Das Weichpech geht zur Kokungsdestillation.

Die bei der Rohrofendestillation als Hauptfraktion resultierende Paraffinmasse wird entweder direkt der Kristallisation oder sie wird der Nachdestillation (Redestillation) zugeführt, in der sie in diskontinuierlichem Betrieb abermals krackend destilliert wird. Hierbei entstehen ebenfalls wieder Rohöl, Paraffinmasse und Pech. Der Hauptzweck der Nachdestillation ist, die asphaltartigen Substanzen, die bei der eigentlichen Paraffingewinnung stören, abzutrennen. Tatsächlich verbleiben die Asphaltstoffe zu einem wesentlichen Teil im Pech. Außerdem wird durch die Nachdestillation das Paraffin in dieser Paraffinmasse angereichert. Das Rohöl geht wieder ins Hydrierwerk, die Paraffinmasse zur Kristallisation, das Pech zur Kokungsdestillation. Die Redestillation erfolgt zum Teil in stehenden, zum Teil in liegenden, eingemauerten, schmiedeeisernen Blasen von 15 bis 30 t Inhalt, die mit Gas oder Öl beheizt werden. Die Dauer einer Charge richtet sich nach dem Blaseninhalt und beträgt vom Anheizen bis zum Ende der Destillation rund 1 st/t Inhalt. Die Blasen stehen während des Destillierens unter einem leichten Vakuum, das genügt, um die entstehenden, nicht kondensierbaren Krackgase abzusaugen. Die Dämpfe werden in der Kühlanlage kondensiert und gelangen als Flüssigkeiten in die Wechselvorlagen, aus denen sie in die für die beiden Fraktionen vorgesehenen Behälter abfließen.

Ein anders ebenfalls in der Industrie ansgeübtes Verfahren der destillativen Teeraufbereitung besteht darin, aus dem vorgereinigten Rohteer durch atmosphärische Rohrofendestillation ein sog. Schweröl abzutrennen und den so entölten Teer dann durch Vakuumdestillation bei etwa 50 Torr in verschiedene Paraffinmassen als Destillate und Weichpech als Rückstand zu zerlegen. Durch weiteres Abdestillieren kann aus dem Weichpech Hartpech gewonnen werden.

Die Kokungsdestillation der Weichpeche wird in den meisten Werken noch wie vor siebzig Jahren in eingemauerten gußeisernen Blasen durchgeführt. Sie haben einen Inhalt von 5 t und werden mit Gas beheizt, wobei die Dauer einer Charge etwa 20 h beträgt. Gußeisen als Blasenmaterial ist darum nötig, weil bis zur völligen Verkokung bis auf Rotglut erhitzt werden muß. Ebenso wie bei der Redestillation wird hier mit geringem Vakuum gearbeitet, um die nicht kondensierbaren Gase schnell abzuführen. Die Destillatdämpfe entweichen durch das Rüsselrohr in die Kühlschlange, die Destillate fließen in eine der jeweiligen Fraktion entsprechende Vorlage. Bei der Pechverkokung resultieren Paraffinmassen, die teils in die Redestillation zurückgehen, teils zur Kristallisation gepumpt werden, die „Roten Produkte“ oder „Roten Harze“ und als Rückstand Pechkoks.

Die „Roten Harze“ (2,6 bis 4,4 % auf Teer) bestehen nach PRESTING und STEINBACH bis zu 20 % aus einem Kristallisat von hochschmelzenden kondensierten Aromaten (F. = 150 bis 200 °C), in dem Picen und seine Derivate den Hauptanteil bilden. Diese Fraktion muß sorgfältig von den Paraffinmassen getrennt werden, weil die in ihr enthaltenen Substanzen die Kristallisation des Paraffins behindern und die Entfärbung des Rohparaffins unmöglich machen. Sie gehen in den Teer zurück. Man glaubte bisher, daß die „Roten Produkte“ auf diese Weise völlig unschädlich gemacht würden. Neuerdings neigt man aber zu der Ansicht, daß sie auch bei ständiger Redestillation die Paraffinkristallisation stören und das Paraffin verunreinigen. Aus diesem Grunde trägt man sich mit dem Gedanken, die „Roten Produkte“ nicht mehr in den Betrieb zurückzuführen, sondern kondensierte Aromaten aus ihnen zu gewinnen.

Die Destillation wird empirisch von dem Bedienungspersonal, das die Kondensate durch ein Schauglas in der Leitung hinter dem Kühler beobachtet, gelenkt. Zunächst läuft die Paraffinmasse, die die wertvollen höhermolekularen Paraffine enthält, mit hellgelber Farbe ab. Allmählicht geht die Farbe des Destillats ins Rötliche über. Der Destillateur weiß aus Erfahrung, bei welchem Farbton er auf „Rote Produkte“ umstellen muß.

Im Anschluß an das Auftreten dieser Fraktion erfolgt die eigentliche Verkokung. Der Blaseninhalt wird auf eine Temperatur von 800 °C gebracht, was eine weitgehende Graphitierung des Kokses zur Folge hat. Nach Abkühlung wird der Blasendeckel durch einen fahrbaren Kran abgehoben und beiseitegelegt. In der Blase hängt in einem Ring ein Kettennetz, das sich der Blasenwandung anlegt. Dieses Kettennetz ist in den Kokskuchen fest eingebacken, so daß der ganze Koksinhalt mit einem Kran auf einmal herausgezogen werden kann. So wird er zur Ablöschung mit Wasser und zur Zerkleinerung gefahren.

Die Arbeitsweise in der Kokungsdestillation ist von erheblichem Einfluß auf Ausbeute und Qualität des Paraffins. Durch eine schlechte Trennung der beiden Fraktionen gehen Paraffinanteile in den „Roten Harzen" verloren. Eine zu lang ausgedehnte Destillation führt zu erhöhten Paraffinverlusten durch Krackung. Man hält die hohe thermische Beanspruchung in der Kokungsdestillation aber für notwendig, um alle Reste der zuvor noch nicht völlig zersetzten Bitumenbestandteile in Paraffin umzuwandeln und die letzten Isoparaffine zu zerlegen.

Die Blasenverkokung ist besonders aus dem Grund ein kostspieliges Verfahren, weil die gußeisernen Verkokungsblasen nur etwa 100 Chargen aushalten und dann die im Feuer liegenden Unterteile erneuert werden müssen. Dazu kommt der verhältnismäßig hohe Lohnaufwand für diese ständige Erneuerung sowie das Austragen des Kokses.

Ein Fortschritt ist daher die vor etwa 20 Jahren für ein großes Braunkohlenkombinat von Still erbaute Kammerverkokung für Peche. Sie besteht aus mehreren liegenden, regenerativ beheizten Kammern, die nach dem Prinzip der in der Steinkohlenkokerei verwendeten Kammeröfen konstruiert, aber dem besonderen Zweck der Pechverkokung bezüglich geringer Höhe und Sicherung gegen das Auslaufen des flüssigen Pechs angepaßt sind. Die Beheizung der Kammern erfolgt mit Gas indirekt durch die Seitenwände. Der ausgegarte Koks, der nur 0,5 bis 1% flüchtige Bestandteile enthält, wird ohne Handarbeit mit einer Koksausdrückmaschine aus dem Ofen entfernt. Die in den Verkokungskammern entstehenden Destillate werden in den Rohteer gepumpt.

In die Kammerverkokung kann kein Weichpech eingesetzt werden, sondern es ist notwendig, Hartpech von etwa 100 °C/KS zu verwenden, um ein Treiben des Kammerinhalts zu vermeiden. Vor Kammerverkokungen sind daher stets Anlagen zur Pechkonzentrierung zu schalten. Die Pechkonzentrierung wird in sog. Inertgasblasen vorgenommen, stehenden schmiedeeisernen Blasen üblicher Bauart von 30 t Inhalt, die unter Vakuum stehen. Sie werden zunächst durch Außenheizung auf etwa 300 °C erhitzt. Die weitere Aufheizung auf etwa 450 °C erfolgt dann durch Inertgas, das in einem Inertgasbrenner erzeugt und durch Zumischung von Abgasen auf die erforderliche Temperatur eingestellt wird. Durch das Inertgas wird eine schonende, Koksansatz vermeidende Konzentrierung des Pechs erreicht. Das fertige Hartpech wird zur Kühlung in Blasen gleicher Bauart abgelassen, und zwar sind für 6 Inertgasblasen 2 Stapelkühlblasen notwendig. Die Dämpfe werden in Schlangenkühlern kondensiert und die als Destillat gewonnene Paraffinmasse einer Redestillation zugeführt.

Die bei den verschiedenen Destillationen, besonders aber bei der Pechverkokung in größeren Mengen entstehenden Gase werden unter den Destillierapparaten oder den Dampfkesseln verbrannt.

Nachdem in den 20er Jahren der Bedarf an flüssigen Kraftstoffen stark gestiegen war, wurden in Anlehnung an die Erdölaufbereitung auch Krackverfahren für Braunkohlenteer entwickelt, von denen das DEA-Spaltverfahren bis vor wenigen Jahren in einem Teerverarbeitungswerk ständig in Betrieb war. Bei diesem Verfahren handelt es sich um eine besondere Art der Destillation, bei der der Teer in einem Rohrsystem bei 40 bis 80 at auf etwa 450 °C erhitzt und dann in Kolonnen auf 0,5 bis 1,5 at entspannt wird. Man kommt hier mit verhältnismäßig milden Spaltbedingungen aus, weil bewußt auf einen hohen Leichtölanfall verzichtet und eine bevorzugte Aufspaltung der höhermolekularen Kohlenwasserstoffe zu Mittelölen für die Herstellung von Dieselkraftstoff erstrebt wird. Durch Toppen des Teers kann der Durchsatz der Spaltanlage gesteigert werden. Die Arbeitsweise des DEA-Verfahrens ist in neuerer Zeit dahingehend weiterentwickelt worden, daß der Teer in der gleichen Anlage der Primärdestillation unterworfen und gespalten wird.

Durch Variation der Druckverhältnisse kann wahlweise bevorzugt gespalten und die einfache Destillation zurückgedrängt werden, falls Dieselkraftstoff in größeren Mengen erzeugt werden soll, oder es kann in der Hauptsache destilliert und wenig gespalten werden, wenn die Bedarfslage eine erhöhte Produktion an Paraffinen erfordert. Über die Ausbeuten beim normalen Spaltbetrieb des DEA-Verfahrens gibt Tafel 14 Auskunft.

Tafel 14 Produktionsausbeuten bei DEA-Spaltverfahren (nach KÖHLER)

Einsatzteer	Spaltgas %	Leichtöl (50/220 °C) %	Rohdieselöl (190/350 °C) %	Spaltpech %	Koks %
Westelbischer Spülgas-Schwelteer, getoppt	10	11/12	45/50	27/33	1
Ostelbischer Generatorteer, getoppt	11	9/10	42/47	30/36	2
Westelbischer Spülgas-Schwelteer, nicht getoppt	6	5/6	57/59	27/30	2

6.3.3. Die chemische Raffination der Teerfraktionen

In der Anfangszeit der Braunkohlen-Teerindustrie wurde der Teer bei etwa 100 °C mit Natronlauge und Schwefelsäure behandelt. Später wurden nur noch manche

Teeröle, wie z. B. Rohdieselkraftstoffe, mit Chemikalien raffiniert. Heute werden dagegen alle paraffinfreien Destillatfraktionen an Hydrierwerke geliefert. In einem Betrieb wird der Rohteer mit konzentrierter Schwefelsäure versetzt mit dem Ziel, aschenarmen Pechkoks zu bekommen. Das Paraffin wird in allen Werken mit Schwefelsäure raffiniert. Hierauf wird noch zurückzukommen sein. Zum Teil wird der Paraffingatsch vor Eintritt in die Schwitzanlage mit 10 %iger Natronlauge in zwei Stufen entkreosotiert und anschließend mit Wasser gewaschen.

6.3.4. Die Raffination des Teers und der Teerfolgeprodukte mit selektiven Lösungsmitteln

1910 fand Graefe, daß sich die harz- und asphaltartigen sowie die sauren Anteile des Teers in Äthylalkohol gut lösen, während die Paraffinkohlenwasserstoffe in diesem Solvent fast unlöslich sind. Mischungen von Teer mit Alkohol geben zwei Lösungen verschiedener Dichte, die sich verhältnismäßig schnell trennen. Die obere Schicht, der Extrakt, besteht aus den herausgelösten Stoffen und der Hauptmenge des Alkohols; die untere Schicht, das Raffinat, enthält den gewaschenen Teer mit etwa 5 bis 20 % des eingeführten Alkohols.

Auf diesen Erkenntnissen fußend hat Krey 1911 bei den Riebeckschen Montanwerken die technische Alkoholwäsche entwickelt und in Webau in die Praxis überführt. Bei dem Verfahren wird der Teer mit einer Temperatur von 45 bis 50 °C am oberen, Alkohol am unteren Ende einer Siebbodenkolonne eingeführt, wobei der auf Grund seines geringen spezifischen Gewichts nach oben steigende Alkohol mit dem nach unten fließenden Teer in innige Berührung gebracht wird und ihm auf diese Weise die sauren und asphaltartigen Bestandteile entzieht. Die Kolonne hat nach älteren Angaben für eine Verarbeitung von 45 tato Teer mit einem Kreosotgehalt von etwa 15 % einen Durchmesser von 0,9 m und eine Höhe von 5,5 m.

Bei höherem Kreosotgehalt muß die Kolonne entsprechend größer gewählt werden. Ursprünglich wurde bei den damaligen niedrigen Kreosotgehalten des Teers von 8 bis 12 % mit 90 vol.-%igem Alkohol und einem Verhältnis von Teer zu Alkohol = 1:1 gearbeitet. Heute wird in dem Werksteil Gerstewitz des VEB Paraffinwerk „Vorwärts", dem einzigen Teerverarbeitungswerk, in dem die Alkoholwäsche zur Raffination von undestilliertem Teer noch in Betrieb ist, 80 vol.-%iger Äthanol mit einem Verhältnis 1:1 verwendet. Mit zunehmendem Kreosotgehalt muß die Menge des Alkohols gesteigert werden, da sonst die Raffinationseffekte ungenügend sind. Bei stärker kreosothaltigen Teeren tritt außerdem keine einwandfreie Trennung von Raffinaten und Extrakten ein, wenn die Alkoholmenge zu gering gewählt wird. Bei solchen Teeren muß darum das Verhältnis Teer zu Äthanol zugunsten einer größeren Alkoholmenge erhöht werden, damit die Dichte des Alkohols, nachdem er Kreosote und Asphalte aufgenommen hat, noch niedriger liegt als die des Raffinates, andernfalls gerät der Prozeß innerhalb der Kolonne in Unordnung. Der Alkoholverlust bei dem Verfahren ist gering. Er soll nur 2 bis 3 Liter betragen.

Der durch Destillation vom Alkohol befreite Extrakt, der außer Kreosoten, Asphalten und Harzen aus herausgelösten Neutralölen, und zwar vorwiegend aus ungesättigten und aromatischen Verbindungen besteht, führte früher den geschützten Namen „Fresol". Jetzt wird er mit anderen Teerölen gemischt und als „Kautschol" in den Handel gebracht. Er dient vor allem als Weichmacher in der Gummiindustrie.

An Stelle von Äthanol kann auch das bereits von Graefe in seinem Patent erwähnte Methanol zur Selektivextraktion von Rohteeren verwendet werden, zumal dieses Lösungsmittel billiger ist und eine bessere Selektivität für die sauren Teerbestandteile besitzt als Äthanol. Gundermann hat ostelbische Braunkohlen-Kokereiteere mit einem durchschnittlichen Kreosotgehalt von 20,5 % und einem Gehalt an Harzen und Asphalten von 10 %

mit Methanol verschiedener Grädigkeit in einer kleintechnischen Anlage raffiniert, wobei das Vermischen in Rührgefäßen bei etwa 60 °C, die Trennung in Scheidetellerschleudern (Separatoren) erfolgte. Die wichtigsten Ergebnisse der einstufigen Versuche sind in Bild 6 wiedergegeben. Bei dreistufiger Arbeitsweise würden je nach

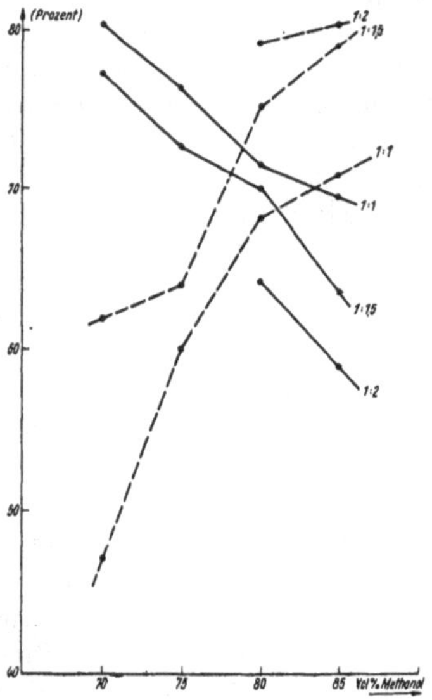

Bild 6 Einstufige Extraktion von Kokereiteer mit wässerigem Methanol

—— Raffinat Gew.-%;

– – – Entkreosot.-Effekt (%)

der Beschaffenheit des eingesetzten Teers mit 85 vol.-%igem Methanol Raffinatausbeuten von 50 bis 60 % erzielt und hierbei 90,5 bis 92,6 % der Kreosote des Teers sowie 92,4 bis 93,3 % der Harze und Asphalte in den Extrakten entfernt. Mit 80 vol.-%igem Methanol wurden Raffinationsausbeuten von 56 bis 67 %, Entkreosotierungseffekte von etwa 86 und Entasphaltierungseffekte von 88,5 % erhalten.

Aus den Extrakten, die zunächst mit 80 % Lösungsmittel vermischt sind, wird das Methanol durch Destillation über eine kurze Kolonne, das Wasser durch Azeotropdestillation mit Benzol als Schleppmittel wiedergewonnen. Die Extrakte, die Stockpunkte von 3 bis 10 °C besitzen, können als Heizöle eingesetzt werden. Man kann sie auch durch Destillation bei Normaldruck in 75 bis 80 % tiefstockende Öle (etwa − 10 °C) und in einen schwefelarmen Koks mit einem Aschengehalt von etwa 0,9 % zerlegen.

Ebenfalls mit wässerigem Methanol arbeitet das von DIERICHS und der Lurgi entwickelte Metasolvanverfahren, bei dem aber nicht Rohteere, sondern Destillate, und zwar möglichst eng geschnittene Fraktionen, als Einsatzmaterial dienen. Die Angaben für die Methanolkonzentration bewegen sich zwischen 70 und 80 %. Die Menge des Methanols beträgt im Durchschnitt 150 % auf die eingesetzte Teerfraktion. Die Extraktion erfolgt in drei- bis siebenstufigen Gegenstromapparaturen bei Normaltemperatur. Das Ziel des Verfahrens ist, aus den Teerdestillaten nicht nur weitgehend entphenolte Öle, besonders Dieselöl, zu gewinnen, sondern der Industrie der Plasten möglichst neutralölfreie Phenole zur Verfügung zu stellen, zu welchem Zweck die Extrakte mit einem aliphatischen Benzin gewaschen werden. Obgleich das Metasolvanverfahren von den Erfindern nach verschiedenen Richtungen eingehend durchgearbeitet wurde, ist es bisher nicht in die Großtechnik eingeführt worden. Das bekannt gewordene Zahlenmaterial über das Verfahren wurde im Laboratorium und in einer Versuchsanlage ermittelt.

In einem westelbischen Braunkohlenkombinat wird Paraffingatsch aus der Erstdestillation und Druckdestillation des Teers durch eine zweistufige Gleichstromextraktion mit 90 bis 95 %igem Methanol und einem Verhältnis von Gatsch zu Methanol von insgesamt etwa 1 : 1 bei einer Temperatur von 65 °C entkreosotiert, wobei das Vermischen in Mischpumpen und Mischbehältern, die Trennung von Raffinat und Extrakt in liegenden Absetzbehältern erfolgt. Der Rohgatsch tritt mit einem Kreosotgehalt von etwa 11 % in die Anlage ein, und das Raffinat, das zur Paraffinkristallisation geht, verläßt die Anlage mit einem Kreosotgehalt von 4%. Demnach werden etwa 64% der mit dem Rohgatsch eingeführten Kreosote im Extrakt entfernt. Es ist beabsichtigt, die Anlage vierstufig auszubauen, um auf diese Weise den Kreosotgehalt im Raffinat auf etwa 1% zu senken, was einem 91%igen Entkreosotierungseffekt entsprechen würde. Der Extrakt wird entweder direkt als Konservieröl oder Heizöl verwendet, oder er wird destillativ in ein Phenolharz (Erw.-Punkt 35 bis 50 °C KS), einen in der Bautenschutzmittelindustrie verwendeten Rohstoff, und in Phenolöl (Stockp. 7 bis 15 °C) zerlegt.

Das älteste Verfahren zur Raffination technischer Kohlenwasserstoffgemische mit selektiven Lösungsmitteln ist das 1909 patentierte Edeleanu-Verfahren, das flüssiges Schwefeldioxyd als Extraktionsmittel verwendet. Es diente ursprünglich dazu, um Lampenpetroleum aus rumänischem Erdöl von den stark rußenden Aromaten zu befreien. In der Erdölindustrie sind große Edeleanu-Anlagen in Betrieb, um Erdölprodukten die Aromaten zwecks Verbesserung der Zündwilligkeit von Dieselkraftstoffen oder des Viskositäts-Temperaturverhaltens von Schmierstoffen zu entziehen. Da flüssiges SO_2 auch als Extraktionsmittel für ungesättigte Verbindungen sowie Harze und Asphalte geeignet ist, wurde in den 30er Jahren eine größere Versuchsanlage in einem Teerverarbeitungswerk (Rositz) errichtet, in der Teerdestillate mit SO_2 und Benzin raffiniert und die paraffinhaltigen Fraktionen dann mit Dichloräthan entölt wurden. Später entstand im Kombinat Espenhain eine Großanlage dieser Art. Beide Anlagen wurden durch Kriegseinwirkung zerstört bzw. nach dem Kriege demontiert.

Eine zweite Versuchsanlage zur Aufarbeitung von Braunkohlenteer, der zuvor von den bis etwa 260°C siedenden Anteilen abgetoppt worden war, durch Extraktion mit Phenol nach dem Verfahren von Schick ist ebenfalls verschiedene Jahre in Rositz in Betrieb gewesen. Bei diesem Verfahren wurde das Raffinat nach

Abdestillieren des Phenols in einem Röhrenofen krackend destilliert und auf diese Weise auf Vergaserkraftstoff und Dieselkraftstoff verarbeitet. Der Extrakt wurde als Heizöl verwertet. Die selektive Raffination des getoppten Teers konnte auch mit einer Entparaffinierung mittels Dichloräthan gekoppelt werden. Die genannte Versuchsanlage wurde 1944 durch Luftangriff zerstört und nicht wieder aufgebaut. Sowohl mit dem Edeleanu-Verfahren als auch mit dem Verfahren von Schick wurden zwar aus Braunkohlenteer brauchbare Kraftstoffe gewonnen. Das Paraffin nach diesem Verfahren soll dagegen besonders in der Farbe völlig ungenügend gewesen sein.

Bezüglich der Entphenolung von Braunkohlenteerölen durch Druckextraktion mit Wasser im Schwelwerk Offleben sei auf Abschnitt 6.1. verwiesen.

Selektive Lösungsmittel können nicht nur für die Reinigung der Teere und Teerdestillate vor allem von sauren Anteilen, Harzen und Asphalten eingesetzt werden, sondern man kann sie im System flüssig-fest bei niedrigeren Temperaturen auch als Entparaffinierungsmittel zur Gewinnung ölarmen Festparaffins oder zur Herstellung paraffinarmer Öle verwenden, was in der Erdölindustrie in umfangreichem Maße geschieht.

ERDMANN hat bereits 1919 Aceton für die Entparaffinierung von Rohteer vorgeschlagen, und BUBE hat das gleiche Lösungsmittel für die Entölung von paraffinreichen Teerdestillaten verwendet. Bei dem vorhin erwähnten Edeleanu-Verfahren wurde das SO_2-Raffinat mit Dichloräthan ($C_2H_4Cl_2$) in 2 Stufen entparaffiniert, und zwar wurde zunächst das Hartparaffin bei 0° abgeschieden und das Filtrat dann bei -20 °C in Weichparaffin und einen tiefstockenden Dieselkraftstoff zerlegt. Zum Schluß sei das Paraffin-Entölungsverfahren von SEIDENSCHNUR mit Alkohol-Benzol erwähnt sowie das Propan-Verfahren, mit dem bei der Hydrierung von Braunkohlenteer der Rückstand von der TTH-Abstreiferdestillation entparaffiniert wird. Auf beide Verfahren wird noch zurückzukommen sein.

6.3.5. Die Gewinnung und Reinigung des Paraffins

Die Gewinnung des Paraffins aus den Teerfraktionen, in denen das Paraffin angereichert ist, erfolgt in der ersten Stufe durch Kristallisation. Zu diesem Zweck werden die Paraffinöle, Paraffingatsche oder Paraffinmassen in besonderen Apparaten mehr oder minder weit abgekühlt, wobei übersättigte Lösungen entstehen, aus denen sich das Paraffin in Kristallform abscheidet. Je stärker das Paraffin in den Lösungen durch Destillation konzentriert ist, desto rascher werden sie beim Abkühlen übersättigt und desto schneller verläuft die Kristallisation. Überhaupt hängt die Paraffingewinnung wesentlich von der vorausgegangenen Destillation ab. Stoffe, die die Kristallisation behindern, wie unvollständig zersetzte Bitumenanteile sowie harz- und asphaltartige Substanzen, müssen durch die Destillation zerstört oder entfernt worden sein. Reines Paraffin kristallisiert in Nadeln, die dann mehr oder weniger stark verfilzen. Mangelhaft ausgebildete Kristalle oder kleinste Einlagerungen von Bitumenbestandteilen sowie Harzen und Asphalten erschweren die Abtrennung des Paraffins vom Öl, und es wird dann stark ölhaltiges Rohparaffin erhalten, welches bei der Raffination mit Schwefelsäure sowie der Nachbehandlung mit Adsorptionsmitteln größere Mengen solcher Mittel erfordert. Man sagt in der Braunkohlenteerindustrie: „Paraffin muß Feuer oder Wasserstoff gesehen haben!" Nur unter dieser Voraussetzung hat das Paraffin ein Kristallbild, das eine wirksame Entölung durch Abkühlungskristallisation mit nachfolgendem Schwitzen oder Selektivextraktion gewährleistet.

Zur Kristallisation werden in der Braunkohlenteerindustrie allgemein die Porges-Neumann-Kühler verwendet. Diese sind gegen Kälteverluste gut isolierte, liegende zylindrische Kessel von etwa 6 m Länge, 2,5 m Durchmesser und etwa 24 t Inhalt. Sie haben im Innern eine Anzahl kreisrunder Kühltaschen, in denen eine meist durch Ammoniak-Kältemaschinen gekühlte Salzsole zirkuliert. Die sich an den Kühltaschen absetzenden Paraffinkristalle werden ständig durch Kratzer entfernt, die mit Federkraft gegen die Kühlflächen gedrückt und von der Welle aus (1—2 U/min) bewegt werden.

Die Arbeitsweisen und Temperaturen sind in den einzelnen Werken verschieden. In einem Betrieb werden die Paraffinmassen von den Blasendestillation und von der Kokungsdestillation in der Porges-Neumann-Apparaten von etwa 60° bis auf 2 bis 3 °C abgekühlt, was bei einer Kühlsole-Temperatur von —14 bis —16 °C 12 bis 14 h in Anspruch nimmt. In einem anderen Falle erfolgt die Abkühlung des gatschartigen Paraffinöls aus der Rohrofendestillation im Gemisch mit dem redestillierten Destillat von der Pechverkokung nur auf 10 °C. In einem weiteren Werk wird die Abkühlungskristallisation zweistufig durchgeführt. Der Paraffingatsch wird in der ersten Stufe der Porges-Neumann-Kühler auf etwa 12 °C abgekühlt, wobei die sog. Hartschuppen auskristallisieren. Das von den Hartschuppen abfiltrierte Warmpreßöl wird dann in einer zweiten Stufe auf —1 °C gebracht. Hier kristallisieren die Weichschuppen aus; sie gehen in den Kristallisationskreislauf zurück, während das von den Weichschuppen durch Filtration abgetrennte Kaltpreßöl wieder einer Destillation zugeführt wird.

Die Konsistenz des von den Kühlern kommenden Kristallbreis muß so sein, daß er von einer Kolbenpumpe zur Grobentölung zu den Filterpressen gepumpt werden kann. Es werden Kammer- oder Rahmenfilterpressen von 1 × 1 m und bis zu 100 Kammern je Presse verwendet. Die Fülldauer einer derartigen Kammerpresse beträgt 5 bis 6 h bei einem Enddruck von 15 bis 17 at. Teilweise begnügt man sich auch mit einem Filtrationsdruck von 5 at. Die Reinigung der aus den Filterpressen mit einem Ölgehalt von 20 bis 35 % kommenden Paraffinschuppen erfolgt in mehreren Werken nach dem Schwitzverfahren, welches den Zweck hat, aus dem Produkt die Hauptmenge des Öls abzutrennen. Dieses Verfahren beruht darauf, daß aufgeschmolzenes und wieder erstarrtes Paraffin der Einwirkung steigender Wärme ausgesetzt wird, wobei es jedoch nicht zum Schmelzen, sondern nur in den Zustand des Erweichens gebracht werden darf; auf diese Weise läuft das Öl ab.

Man unterscheidet zwischen rechteckigen Schwitzkammern oder zylindrischen Schwitzzellen, die in ihrer Betriebsweise und in ihrer Wirkung aber gleich sind. Die Aggregate bestehen aus mehreren Wannen mit eingelegten Drahtsieben, auf die das rohe Paraffin in etwa 10 cm dicker Schicht vergossen wird, nachdem die Pfannen bis zur Siebhöhe mit Wasser gefüllt sind. Nach dem Ablassen des Wassers wird das erstarrte Paraffin von dem Sperrsieb festgehalten. Durch Temperatursteigerung in der Kammer mittels Dampfschlangenheizung und Luftumwälzung durch Gebläse mit zwischengeschaltetem Erhitzer beginnt das Paraffin zu schwitzen. Zunächst tropft als Vorlauf paraffinarmes schwarzes Öl ab. Mit steigender Temperatur folgt dann paraffinreicheres, helleres Öl, das mit Mittellauf oder Rückschwitzgut bezeichnet wird. Auf den Sieben verbleibt schließlich das entölte bzw. ölarme Paraffin, der Hauptlauf oder das Schwitzgut, das mit direktem Dampf ausgeschmolzen wird. Die abgeschwitzten Öle tropfen vom Sieb in die Wanne ab und werden durch Rohrleitungen in verschiedene Fangkasten bzw. Vorlagen geleitet. Maßgebende Faktoren für den Erfolg der Schwitzung bezüglich Höhe der Hartparaffinausbeute sind die Temperaturführung und die Schwitzzeit. Die Temperatursteigerung muß langsam und gleichmäßig über die ganze Kammer verteilt erfolgen. Als optimaler Wert kann 0,5 °C/h angenommen werden. Der gesamte Zeitaufwand für den Schwitzprozeß beträgt etwa 65 Stunden. Das Schwitzgut, das einen Ölgehalt von 0,5 bis 1% hat, geht zur Aufarbeitung als Reinparaffin in die Raffination. Das Rückschwitzgut wird mit der nächsten Einsatzcharge einer abermaligen Schwitzung unterzogen. Der ölreiche Vorlauf wird zur Konzentrierung des Paraffins in die Redestillation zurückgeführt. Um dieses wiederholte paraffiinzerstörende Destillieren zu umgehen, wird in einem Teerverarbeitungswerk geplant, den Vorlauf künftig in 2 Stufen abzunehmen, von denen die 1. Stufe bei 20 °C kristallisiert und anschließend filtriert, während die 2. Stufe einer fraktionierten Schwitzung zugeführt werden soll.

In einem Werk, das keine Schwitzanlagen besitzt, wird die Entölung und Reinigung der durch Kühlung und Filtration gewonnenen Paraffinschuppen mit Hilfe von selektiven Lösungsmitteln durchgeführt. Hierzu wird das ursprünglich von Seidenschnur entwickelte Alkohol-Benzol-Verfahren verwendet. Das Selektivmittel besteht aus einem Gemisch von 80 % Äthanol und 20 % Benzol, wobei die Grädigkeit des Alkohols 93 Gew.-% nicht unterschreiten soll. Der Benzolzusatz erfolgt, um die Selektivität des Lösungsmittels für die Ölanteile zu verbessern. Mit Äthanol allein wäre der Alkoholverbrauch größer, und die Extraktionszeit müßte eine längere sein. Man muß dabei den Nachteil mit in Kauf nehmen, daß durch die Selektivität des Benzols für Paraffin neben dem Öl auch etwas Weichparaffin mit in Lösung geht. Die Extraktionstemperatur beträgt + 10 °C; das Lösungsmittel muß also ständig gekühlt werden. Es wird mit einem Verhältnis von Paraffinschuppen zu Lösungsmittel = 1 : 3 in zwei Stufen gearbeitet.

Bei dem Verfahren fallen die Filterkuchen aus den den Porges-Neumann-Kühlern folgenden Pressen in eine Transportschnecke, in der sie grob zerkleinert und in den Vorratsbunker befördert werden. Von hier kommen die Schuppen in Scheibenmühlen (Exzelsiormühlen), in der sie unter Zusatz schon einmal gebrauchten Lösungsmittels so fein vermahlen werden, daß keine Klümpchen mehr vorhanden sind. Der gut vermahlene Brei wird in einem Maischbottich etwa 30 Minuten gerührt, wobei das Öl aus dem Paraffin in das Lösungsmittel übergeht. Anschließend wird der Maischbrei auf kopfgesteuerte Saugzellenfilter, System Dorr-Sauerbrei, gepumpt, in dem die Abtrennung des Paraffins und das Waschen des Filterkuchens erfolgt. Der abgeworfene feuchte Kuchen wird in einer geschlossenen Schnecke zu einer zweiten Anmaischung mit frischem Lösungsmittel gefördert. Der zweite Maischbrei wird abermals über ein Zellenfilter gepumpt, und die Kuchen kommen dann in die Aufschmelzgefäße, in denen sie durch indirekten Dampf aufgeschmolzen werden. Die aufgeschmolzene Masse wird in Verdampfer gepumpt, in denen zunächst durch indirekten Dampf, zum Schluß durch direkten Dampf die Reste des Lösungsmittels ausgetrieben werden.

Das abfiltrierte Gemisch von Öl und Lösungsmittel wird in der Lösungsmittel-Rückgewinnungsanlage voneinander getrennt. Das Lösungsmittel wird von dem aus dem Paraffin aufgenommenen Wasser befreit und geht dann wieder in den Kreislauf zurück. Zur Befreiung des Lösungsmittels vom Wasser verwendet ein Werk das Ätznatronverfahren, das sich durch niedrigen Dampfverbrauch auszeichnet. Das durch Schwitzen oder mit selektiven Lösungsmitteln entölte rohe Hartparaffin hat eine braune Farbe und enthält noch nichtparaffinische Bestandteile. Aus diesem Grunde muß es raffiniert und entfärbt werden.

Die Raffination erfolgt in manchen Werken mit konzentrierter Schwefelsäure in verbleiten Behältern, in denen mit Luft gerührt wird. Hierbei fällt der größte Teil der Reaktionsprodukte in fester Form als Säurekohle an. Anschließend wird mit Kalk neutralisiert und bei etwa 100 °C filtriert. Der Säuerung, Neutralisation und Filtration folgen mehrmalige Behandlungen mit je 2 bis 5 % Adsorptionsmitteln bei 90 bis 100 °C und jedesmaliger nachfolgender Filtration.

Als Adsorptionsmittel werden Multiklonstaub (Flugstaub von den Winkler-Generatoren), Bleicherden und Aktivkohlen, vielfach auch in dieser Reihenfolge, verwendet. Wichtig ist die große Reinheit der Adsorptionsmittel. Bleicherden oder Aktivkohlen, die von ihrer Aufbereitung her Geruchsstoffe enthalten, sind ungeeignet, weil sie diese dann in das Paraffin einschleppen. Da die

Filterkuchen nach jeder Filtration 30 % und mehr Paraffin enthalten, das durch Extraktion als Gelbparaffin zurückgewonnen werden muß, ist danach zu trachten, mit möglichst geringen Mengen an Adsorptionsmitteln auszukommen. Es sollen darum nur erstklassige Aktivkohlen und hochaktive Bleicherden verwendet werden. In diesem Zusammenhang sind die Verfahren von LEIBNITZ, HAGER und SCHLESIER zur Aufbereitung von Multiklonstaub zu erwähnen, die mit Sodalösung und wäßriger Salzsäure bzw. mit wäßriger Salzsäure und Schwefelkohlenstoff arbeiten und bei denen der aktive Schwefel beseitigt sowie die Bleichwirkung um etwa 70 % erhöht wird. Neuerdings ist Koks von der Koppers-Synthesegaserzeugung (sog. Koppers-Koks) auf seine Eignung für die Nachbehandlung von Paraffin geprüft worden. In seiner Entfärbungswirkung erwies er sich besser als manche Aktivkohlen. Nachteilig ist aber sein hoher Schwefelgehalt von etwa 10 %. Nach Untersuchungen von HAGER besteht fertiges Braunkohlenparaffin nur zu etwa 98 % aus n-Paraffinen, zu etwa 2 % dagegen aus Isoparaffinen, Farbstoffen und Geruchsstoffen. Um diese zu entfernen und auf diese Weise ein geschmack- und geruchloses Paraffin zu erhalten, hat der Genannte ein Verfahren entwickelt, bei dem das fertige Paraffin in geschmolzenem Zustand in 95 vol.-%iges Äthanol im Verhältnis 1:1,5 bis 2 eingedüst wird.

6.3.6. Die Teeraufbereitung durch katalytische Hydrierung

Bereits Anfang der 30er Jahre wurden rund 32 % der deutschen Braunkohlenteer-Produktion durch Hochdruckhydrierung in Kraftstoffe überführt. Dieser Prozentsatz ist dann dauernd gestiegen, und vor Beginn der Erölеinfuhren aus der UdSSR konnte man die Menge der Braunkohlenteerprodukte, die an Hydrierwerke geliefert wurden, auf annähernd 75 % schätzen. Besonders die erzeugten Leichtöle und die bei der Teerdestillation anfallenden Öle werden ausschließlich den Hydrierwerken zugeführt, weil die Qualität der durch Hydrierung erzeugten Treibstoffe bedeutend besser ist als die Qualität der früher aus den Teeren durch Destillation und chemische Raffination gewonnenen Benzine und Dieselkraftstoffe.

Unter katalytischer Hydrierung versteht man die Anlagerung von Wasserstoff in Anwesenheit bestimmter Katalysatoren an chemische Körper, um diese in wasserstoffreichere Verbindungen zu überführen. Die Reaktionsprodukte aus der Hydrierung sind daher stets wasserstoffreicher als das Ausgangsmaterial. Bei dem technischen Prozeß findet außer der Anlagerung auch eine Dehydrierung, also Abspaltung von Wasserstoff, statt. Ferner spielen Spaltungen von C—C-Bindungen, im allgemeinen unter Wasserstoffaufnahme sowie Polymerisations- und Kondensationsvorgänge eine Rolle. Bei den weiterhin vor sich gehenden Isomerisierungsreaktionen werden ebenfalls C—C-Bindungen gespalten, aber es wird dabei kein Wasserstoff aufgenommen und die Molekülgröße nicht geändert. Schließlich wirkt die Hydrierung raffinierend, indem Sauerstoff, Schwefel und Stickstoff unter Bildung von Wasser, Kohlenoxyd, Kohlendioxyd, Schwefelwasserstoff und Ammoniak abgespalten werden.

Die Vorgänge sind nun so zu lenken, daß unerwünschte Spalt- und Polymerisationsreaktionen, die zur Bildung von verhältnismäßig viel Koks und Gas führen, vermieden werden. Im Vordergrund soll stets die Hydrierung und Dehydrierung stehen, um Kohlenwasserstoffe mittlerer Länge und wechselnder Verzweigung, verbunden mit Ringbildung und Absättigung, zu bekommen.

Von großer Bedeutung für den Reaktionsablauf ist die Temperatur. Mit steigender Temperatur nimmt die Reaktionsgeschwindigkeit der Hydrierung, aber auch der Spaltung zu. Schon bei 200 °C werden am Katalysator Olefindoppelbindungen hydriert. Bei Temperaturen um 300 °C wird in erster Linie raffiniert; es werden also Reaktionen durchgeführt, bei denen keine Spaltung der C—C-

Bindung eintritt. Bei höherer Temperatur wird um 400 °C, je nach dem Katalysator, schon stark zu Benzin gespalten.

Erhöhter Wasserstoffdruck bewirkt stärkere Hydrierung. Es sind Drucke von über 200 atü notwendig, weil bei den Temperaturen, die zur Erzielung ausreichender Reaktionsgeschwindigkeiten erforderlich sind, die höhersiedenden Anteile sonst leicht dehydriert, kondensiert und polymerisiert werden.

Für die hydrierende Verarbeitung von Teeren gibt es zwei verschiedene Arbeitsweisen:

1. Die Hochtemperatur-Hochdruck-Hydrierung (HTH-Verfahren) zur Herstellung von Benzin und Dieselkraftstoff;
2. die Tieftemperatur-Hochdruck-Hydrierung (TTH-Verfahren) zur Herstellung von Dieselöl, Paraffin und Schmierölen neben geringeren Benzinmengen.

Beiden Verfahren ist gemeinsam, daß sie bei 200 bis 300 at arbeiten.

Um an den teuren Hochdruckapparaturen zu sparen, ist man wieder seit einigen Jahren bestrebt, die Hochdruckhydrierung durch Verfahren, die im Mitteldruckgebiet arbeiten, zu ersetzen. So haben Varga und Mitarbeiter eine Arbeitsweise entwickelt, um Erdöle mit reichlichen Mengen hochmolekularer Verbindungen (Harzen und Asphalten) bei 70 at und 440 °C in Gegenwart von Tetralin, Leichtöl oder Mittelöl zu hydrieren. Erwähnenswert sind ferner die erfolgreichen Arbeiten, Braunkohlenteermittelöle und -leichtöle bei Mitteldruck hydrierend zu raffinieren. Da die letztgenannten Arbeitsweisen aber nicht vom Teer ausgehen, sondern Destillate verwenden, kann man von einem eigentlichen Teer-Mitteldruckverfahren noch nicht sprechen.

Das HTH-Verfahren ist durch eine Gliederung in zwei Stufen gekennzeichnet. In der 1. Stufe, der „Sumpfphase", werden die über 325 °C siedenden Anteile des Teers, die sich in flüssigem Zustand befinden, in Gegenwart fein verteilter, im Hydriergut suspendierter Katalysatoren durch die Reaktionsöfen geführt. Die Temperatur in diesen Öfen bewegt sich zwischen etwa 300 und 450 °C. Die chemischen Vorgänge hierbei bestehen vorwiegend in einer Spaltung der großen Teermoleküle und einer Anlagerung von Wasserstoff an die Bruchstücke. Gleichzeitig werden die in den Teeren enthaltenen Asphalte weitgehend abgebaut. Außerdem finden schon Raffinationsreaktionen statt, durch die ein Teil der Heteroatome entfernt wird. Die Aufgabe der Sumpfphase bei der Benzinherstellung ist die Herstellung von Zwischenprodukten aus den Teeren, die dann in der Gasphase eingesetzt werden können. Es resultieren in dieser 1. Stufe der Hydrierung Schweröl und Mittelöl neben geringen Mengen Benzin. Das Gemisch von Schweröl und Mittelöl kann, sofern Bedarf vorliegt, ohne weitere Hydrierung als gutes Heizöl verwendet werden. Das Mittelöl kann nach destillativer Abtrennung und Entphenolierung als Dieselkraftstoff Verwendung finden. Der paraffinische Charakter des Braunkohlenteers ist in diesem Mittelöl noch klar erkennbar, weil in der Sumpfphase mit verhältnismäßig wenig Katalysator gearbeitet wird. Es unterscheidet sich aber von dem ohne Hydrierung hergestellten Braunkohlenteer-Mittelöl vorteilhaft durch seinen geringeren Schwefelgehalt.

Bei der Sumpfphasehydrierung wurden früher Molybdänkatalysatoren angewendet. In neuerer Zeit ist man zu billigeren Eisensulfat-Katalysatoren übergegangen. Der Kontakt wird auf Grude oder Multiklonstaub aus Winkler-Generatoren aufgetragen, indem diese mit Eisen(II)-sulfat-Lösung und einer äquivalenten Menge Natronlauge getränkt werden. Der verbrauchte Kontakt (ca. 1,5 % auf Einsatzgut) wird laufend aus den Öfen entfernt, während auf der anderen Seite mit dem Teer dauernd frischer Katalysator eingebracht wird.

Bei der Arbeit mit dem hauptsächlichen Ziel der Benzingewinnung geht das im Teer bereits enthaltene und in der Sumpfphase gebildete Mittelöl nach destillativer

Abtrennung in die 2. Stufe der Hydrierung, die Gasphase, wo es in gasförmigem Zustand über fest angeordneten Kontakt hydriert wird. Soweit die Teere größere Mengen (über 20 %) bis 325 °C siedender Bestandteile enthalten, müssen sie vor der Hydrierung getoppt werden, und der Topprückstand wird dann in die Sumpfphase, das Destillat in die Gasphase eingesetzt. Die wichtigste Aufgabe der Gasphase ist also die spaltende Hydrierung der Mittelöle zu vorwiegend Benzin. Der Gasphase kann aber auch das bei der Teererzeugung gesondert gewonnene Leichtöl und das Benzin aus der Sumpfphase zugeführt werden, um diese hier hydrierend zu raffinieren. Soll in der Gasphase nur auf gutem Dieselkraftstoff gearbeitet werden, so genügt ein einmaliger Durchgang. Ist dagegen die Gewinnung von Vergaserkraftstoff beabsichtigt, so fährt man mit zweimaligem Durchgang durch die Gasphasenstufe. Man bezeichnet den ersten Abschnitt der Gasphasenhydrierung mit Vorhydrierung, den zweiten mit Benzinierung. Beim ersten Durchgang, der Vorhydrierung, finden vor allem Raffinationsvorgänge statt, während beim zweiten Durchgang, der Benzinierung, die Spalt- und Isomerisierungsreaktionen überwiegen. Die Temperaturen bei der Gasphasehydrierung von Braunkohlenteer liegen zwischen 450 bis 480 °C.

Als Kontakt wird in der Gasphase bei der Hydrierung von Teer Wolframsulfid verwendet, das unter Zusatz von etwas Nickelsulfid mit aktivierter Bleicherde, Tonerde oder auch mit *A*-Kohle vermischt und in Tablettenform (10 × 10 mm) gepreßt wird. Je nach den Betriebsbedingungen rechnet man bei Gasphase-Katalysatoren mit einer Lebensdauer von 1 bis 2 Jahren. Sie werden dann durch Abrösten mit Luft regeneriert und von neuem verarbeitet.

Bei der Hydrierung mit fest angeordnetem Kontakt wird im Gegensatz zur Sumpfphase mit hoher Kontaktkonzentration gearbeitet, wodurch man die Eigenschaften der Fertigprodukte entsprechend variieren kann. Der größte Vorzug der katalytischen Hydrierungsverfahren gegenüber der klassischen Braunkohlenteerverarbeitung liegt überhaupt in der völligen Freiheit bezüglich Wahl der Fertigerzeugnisse. Man kann statt oder neben gutem Benzin auch Dieselkraftstoff und Heizöl sowie bei dem noch zu besprechenden TTH-Verfahren Schmieröl und Paraffin in verschiedenen Mengenverhältnissen produzieren.

Der Wasserstoffverbrauch beträgt bei der Hydrierung von Braunkohlenschwelteer zu Benzin etwa 800 Nm^3 H_2/t Benzin. Bei kreosotreichen Teeren liegt er höher. Es ist vorgeschlagen worden, den Wasserstoffverbrauch durch Kombination von Hydrieren und Cracken des Teeres zu senken. Näheres über diese Arbeitsweise ist bisher nicht bekannt geworden. Man würde wesentlich weniger Wasserstoff benötigen, wenn man die Hauptmenge der Sauerstoffverbindungen aus den Teeren vor der Hydrierung durch Extraktion mit geeigneten selektiven Lösungsmitteln entfernen würde. Besonders die Teere aus harzreichen Braunkohlen, die durch einen hohen Gehalt an Asphalten und Phenolen gekennzeichnet sind, sollte man durch Behandlung mit Selektivlösungsmitteln vorraffinieren. Durch eine derartige Selektivextraktion würden auch die Substanzen entfernt, die die mangelhafte Wärmestabilität mancher Teere, z. B. des Mostschen Schwelteeres und des ostelbischen Braunkohlen-Kokereiteeres, verursachen. Man würde also nicht nur an Wasserstoff sparen, sondern es würde auch das bei solchen Teeren festgestellte Verkoken der Vorheizer und Wärmeaustauscher in erträglichen Grenzen bleiben.

Die anfallenden Hydriergase werden in einer Nebenprodukten-Gewinnung zunächst durch Waschen mit sog. Alkazidlaugen von Kohlensäure, Schwefelwasserstoff und Ammoniak befreit und dann durch Kompression auf 18 bis 25 at entbenziniert. Anschließend werden die Treibgase (Propan, Butan) gewonnen. Die Restgase werden dann zum Heizen verwendet oder nach Entzug des darin enthaltenen Äthans (Grundstoff für Schmierölsynthese) entweder thermisch oder katalytisch gespalten, um wieder Wasserstoff zu erzeugen.

Im übrigen wird der für die Hydrierung erforderliche Wasserstoff aus Wassergas gewonnen. Das hierfür am meisten angewendete Verfahren ist die Vergasung von Braunkohlenschwelkoks in Winkler-Generatoren unter Zusatz von Wasserdampf und reinem Sauerstoff, wobei der notwendige Sauerstoff durch Luftzerlegung nach LINDE-FRÄNKL gewonnen wird. Das erzeugte Wassergas wird entstaubt, gekühlt und teils mit Alkazidlauge, teils mit *A*-Kohle oder Gasreinigungsmasse entschwefelt. Das Kohlenoxyd des Wassergases wird durch Wasserdampf drucklos oder bei 10 bis 30 atü in Anwesenheit eines Katalysators zu Wasserstoff und Kohlensäure umgesetzt. Die Kohlensäure wird aus dem Gas durch Druckwasserwäsche entfernt, und die geringen, im Gas verbliebenen CO-Mengen werden nach Kompression auf 325 at mit ammoniakalischer Kupferchlorürlösung ausgewaschen.

Das Gasphasenprodukt, der sog. Abstreifer, wird in dampfbeheizten Destillieranlagen in Dieselkraftstoff und Benzin zerlegt. Der Dieselkraftstoff bedarf keiner weiteren Behandlung. Das Benzin, das zunächst wegen der Gefahr der Bildung aktiven Schwefels nicht mit Luft in Berührung kommen darf, wird zur Entfernung gelösten Schwefelwasserstoffes und Kohlensäure zuerst mit Natronlauge und dann mit Wasser gewaschen. Anschließend oder auch schon vor der Wäsche wird es stabilisiert, d. h. auf den gewünschten Dampfdruck eingestellt.

In Bild 7 ist ein von RIEDEL veröffentlichtes Schema der Benzingewinnung aus Braunkohlenschwelteer nach dem HTH-Verfahren wiedergegeben. Da die wichtigsten Einzelheiten des Verfahrens im vorhergehenden besprochen sind, erübrigt sich eine weitere Beschreibung.

Den ständig steigenden Anforderungen an die durch hohe Oktanzahlen (OZ) ausgedrückte Kompressionsfestigkeit (Klopffestigkeit) der Vergaserkraftstoffe genügen die durch Hydrierung gewonnenen Benzine nicht mehr, weil ein Teil der in den Ausgangsteerprodukten vorhandenen Aromaten, die bekanntlich in erster Linie eine gute Klopffestigkeit verursachen, aufhydriert worden ist. Von den zahlreichen technischen Möglichkeiten zur Verbesserung der OZ kann hier nur das DHD-Verfahren, die Druck-Wasserstoff (H_2)-Dehydrierung, besprochen werden.

Das Verfahren, das in den letzten Jahren besonders von BIRTHLER und Mitarbeitern in apparativer und

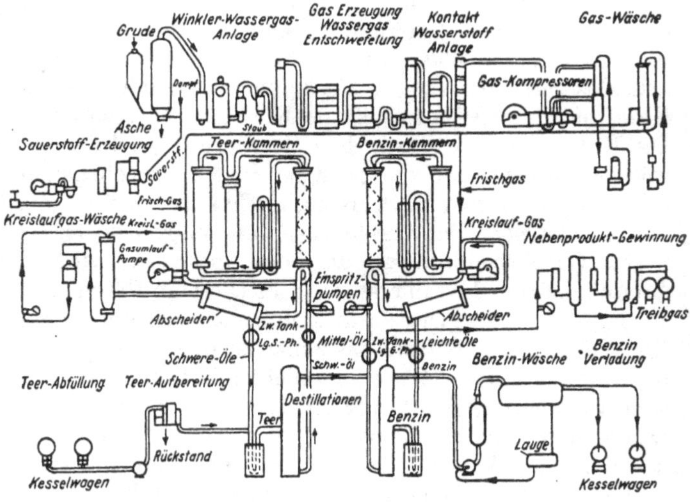

Bild 7 Schema einer HTH-Anlage zur Benzingewinnung aus Braunkohlenteer (H. RIEDEL: Bergbau u. Energiewirtschaft, 1949, S. 245)

betriebstechnischer Hinsicht bedeutend weiterentwickelt worden ist, arbeitet mit einem Druck von 50 bis 60 at und einer Temperatur von 480 bis 500 °C. Es handelt sich also um ein Mitteldruckverfahren.

Eine DHD-Kammer besteht aus mehreren Reaktionsöfen, die durch Zwischenvorheizer miteinander verbunden sind. Das Einspritzprodukt, ein Schwerbenzin (Siedebereich 90 bis 180 °C), wird mit Hilfe von Pumpen auf einen Druck von 60 at gebracht, mit Kreislaufgas vermischt, auf 500 °C erhitzt und in den ersten Ofen eingespritzt.

Es durchwandert dann hintereinander die folgenden Öfen, wobei naphthenische Kohlenwasserstoffe dehydriert und außerdem Aromaten aus Paraffinen gebildet werden.

Das DHD-Verfahren wurde von Birthler und Szkibik ferner für die Raffination von Rohdieselöl, das durch Druck-Wärmespaltung von Braunkohlenteer gewonnen war, eingesetzt. Auch hier wurde wieder mit 50 at hydriert, aber es durfte nur eine Temperatur von 391 bis 425 °C eingehalten werden, andernfalls unerwünschte Spaltungen auftraten. Aus 1000 t Rohdiesel wurden unter Verwendung von 17,9 t 97 %igem Reinwasserstoff etwa 741 t fertiger Dieselkraftstoff mit einer Cetanzahl von 44,5 und 218 t bis 200 °C siedendes Benzin mit einer MOZ von 45 produziert. Das sind rund 26 % mehr als bei der chemischen Raffination des gleichen Rohdieselöles. Weniger günstig fielen die Versuche aus, den Braunkohlenteer direkt bei Mitteldruck zu raffinieren. Es zeigte sich, daß sich die Kontaktrohre bei Temperaturen von 500 °C schnell zusetzten, während bei niedrigeren Temperaturen die Spaltung gering und der Raffinationseffekt schlecht war.

Neuerdings haben Birthler und Mitarbeiter den üblichen Molybdänsäure-Tonerde-Katalysator gegen einen Platin-Tonerde-Katalysator bei der Benzinraffination ausgetauscht. Hierdurch tritt zwar keine weitere Steigerung im Aromatengehalt des Fertigproduktes ein; auch wirkt ein erhöhter Schwefelgehalt im Einspritzprodukt ebenso nachteilig auf die Aktivität des Kontaktes. Sonst hat der neue Katalysator aber, abgesehen von seinem doppelt so hohen Preis, bedeutende wirtschaftliche Vorteile zur Folge. So nimmt die Ausbeute von 80,7 auf 89 Gew.-% zu; die Dehydrierperioden können von 400 auf 1500 Stunden ausgedehnt werden; die Kontakt-Lebenszeit erhöht sich auf das Zwei- bis Dreifache; das Überschußgas hat einen H_2-Gehalt von 83 bis 90 Vol.-% und kann unmittelbar für die hydrierende Mitteldruckraffination von Rohdieselölen oder Rohbenzinen verwendet werden.

Das Schema einer DHD-Anlage zur hydrierenden Mitteldruckraffination von Braunkohlenteer-Rohdieselöl ist in Bild 8 wiedergegeben.

In diesem Zusammenhang sei noch einmal auf das schon im Abschnitt 6.1. erwähnte HTM-Verfahren zur Hydrierung von Braunkohlen-Leichtöl im Mitteldruckgebiet kurz eingegangen. Das Verfahren arbeitet in einer Zwei-Ofen-Kammer bei etwa 60 at und maximal 560 °C unter Verwendung von $2 WS_2 + 1 NiS$ auf aktiver Tonerde als Katalysatoren. Bei der Verarbeitung von Schwelleichtöl werden etwa 75 Gew.-% flüssige Treibstoffe gewonnen und hierfür an Wasserstoff etwa 320 $m^3 H_2/t$ Rohprodukt verbraucht. Die auftretenden Hydrierreaktionen sind stark exotherm, so daß die Anlage fast autotherm betrieben werden kann. Schwierigkeiten macht allein die Verkokungsneigung der Leichtöle zwischen 200 und 360 °C.

Das TTH-Verfahren* unterscheidet sich dadurch grundsätzlich vom HTH-Verfahren, daß die Hydrierung einstufig über fest angeordneten Kontakt bei gestaffelten Temperaturen mit einem Gemisch von Teer und Leichtöl erfolgt. Das Teergemisch tritt also mit verhältnismäßig niedriger Temperatur in den ersten Ofen ein, und erst allmählich im zweiten und dritten Ofen wird die Temperatur auf die gewünschte Höchstgrenze gesteigert. Bei der Hydrierung von westelbischem Braunkohlenschwelteer unter Verwendung des jetzt üblichen Kontaktes 8376 haben sich folgende Temperaturen bewährt:

Ofen I	320 bis 410 °C
Ofen II	390 „ 430 °C
Ofen III	410 „ 430 °C

Der Sinn dieser Temperaturstaffelung ist, die Asphalte, Harze und sonstigen höhermolekularen Sauerstoff- und

* Anmerkung: Herr Dr. HEBERLING, Direktor des VEB Hydrierwerk Zeitz, hat mir zur Technologie des TTH-Verfahrens einige wertvolle Hinweise gegeben, für die ich ihm an dieser Stelle meinen besten Dank sage.

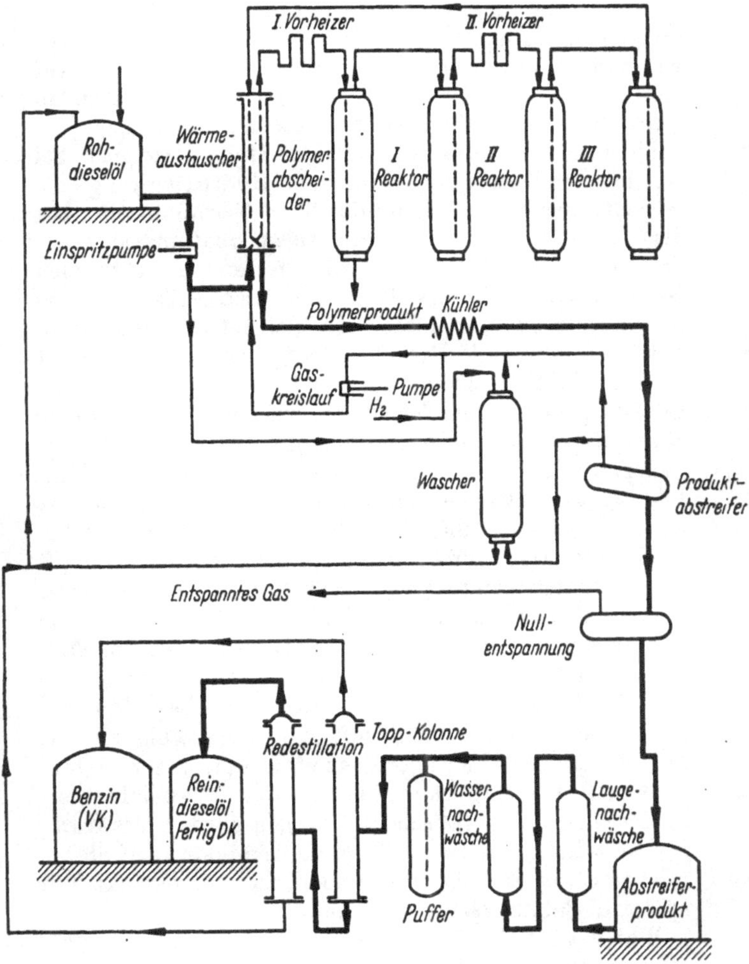

Bild 8 Schema einer DHD-Anlage zur hydrierenden Mitteldruckraffination von Braunkohlen-Rohdieselöl

(R. Birthler u. Mitarb.: Chem. Techn., 1958, S. 75)

Schwefelverbindungen zunächst unter vorwiegend reduzierend und nur schwach hydrierend wirkenden Bedingungen in Kohlenwasserstoffe zu überführen, ohne daß wesentliche aktivitätsvermindernde Abscheidungen auf den Kontakten auftreten. Erst wenn diese metastabilen Substanzen zu stabilen Kohlenwasserstoffen umgesetzt sind, wird die Temperatur auf die Höhe gesteigert, bei welcher der Katalysator seine volle Hydrierwirkung entwickelt. Der große Vorzug des TTH-Verfahrens besteht also darin, daß es ohne wesentliche Spaltung arbeitet. Dementsprechend bleiben die festen paraffinischen Kohlenwasserstoffe des Teers praktisch vollständig erhalten, aber sie verändern sich qualitativ, indem sie in gut kristallisierende Paraffine übergehen. HEBERLING ist außerdem der Ansicht, daß durch die hydrierende Absättigung entsprechender Olefine oder durch hydrierende Raffination entsprechender langkettiger Hetroverbindungen mit OH-, NH_2- oder SH-Gruppen eine echte Neubildung von festen n-Paraffinen stattfindet. Da auf der anderen Seite die die Kristallisation und Filtration behindernden Harze und Asphalte zerstört werden, verläuft die Paraffingewinnung ohne Schwierigkeiten. Die wertvollen höhermolekularen Öle im Schmierölbereich, die an sich im Braunkohlenteer enthalten sind, werden, ebenfalls von Asphalten und Harzen befreit, unverändert gewonnen. Das stark aufhydrierte Mittelöl ist phenolfrei und stellt einen Dieselkraftstoff mit guter Zündwilligkeit dar. Das Benzin mit einer allerdings nicht sehr hohen Oktanzahl muß zur Entfernung des gelösten Schwefelwasserstoffes einer Laugenwäsche unterzogen werden. Als Katalysator wird heute aktive Tonerde verwendet, auf die im Molverhältnis 2:1 Wolfram und Nickel aufgetränkt und später in Sulfide verwandelt sind.

Bild 9 zeigt das Schema einer TTH-Anlage, bei dem allerdings nur ein Ofen gezeichnet ist. Der Abstreifer von der Hydrierung wird bei Normaldruck destilliert, wobei als Kopfprodukt Benzin, als Seitenfraktionen Schwerbenzin und Dieselöl abgenommen werden. Der Destillationsrückstand, der aus etwa 50 % Paraffin und etwa 50 % Ölen besteht, wird mit flüssigem Propan aus Eigenerzeugung nach dem zweistufig geführten Kellogverfahren in Rohparaffin (mit einem Ölgehalt von ca. 4 %) und Rohschmieröl zerlegt. Das Flüssig-Propan dient hierbei einerseits als Lösungsmittel für die Öle und als Fällungsmittel für das Paraffin wie auch für die noch in geringster

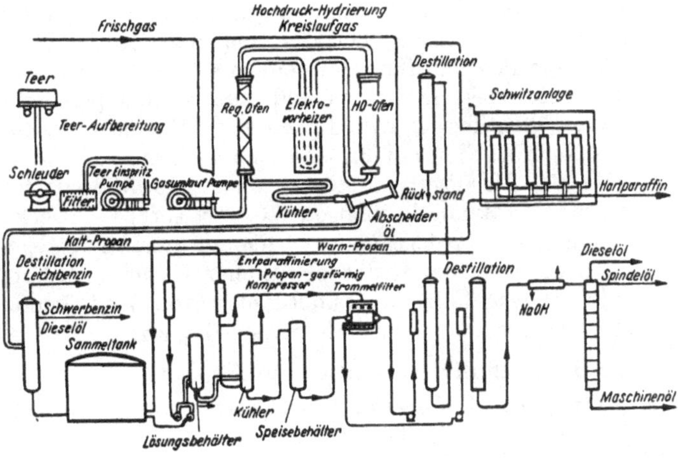

Bild 9 Schema einer TTH-Anlage zur Hydrierung von Braunkohlenteer unter Gewinnung von Paraffin, Dieselöl und Schmieröl neben etwas Benzin

(H. Riedel: Bergbau u. Energiewirtschaft, 1949, S. 245)

Menge vorhandenen asphaltartigen Substanzen, andererseits durch Teilverdampfung zur Herstellung der notwendigen Kühltemperatur von —40 °C.

Bei dem Verfahren wird der TTH-Destillationsrückstand zunächst mit Warmpropan unter Zusatz einer Filterhilfe (Fluhyzet) in einen Warmlösebehälter gegeben, in dem eine Temperatur von 40 °C und ein Druck von 17,5 at herrscht. Hier wird er bis zur klaren Lösung belassen. In dem dann folgenden Kühlbehälter fällt nach Teilverdampfung von Propan und damit erfolgter Abkühlung der Lösung bis auf — 40 °C das Paraffin aus; die breiartige Masse wird anschließend über rotierende Zellenfilter filtriert. Ohne die Filterhilfe Fluhyzet würde sich das Paraffin in feinen Nadeln abscheiden, die ein sehr dichtes Netzwerk mit kleinen Porenradien im Filterkuchen bilden, so daß vor allem das notwendige Nachwaschen des Filterkuchens in der sog. Waschzone des Zellenfilters nicht gewährleistet wäre. Das Fluhyzet, das in seinen Eigenschaften dem bekannten Stockpunkterniedriger Paraflow gleichkommt, bewirkt eine kugelförmige Kristallisation des Paraffins, was einem größeren mittleren Porenradius des Haufwerks und eine dementsprechend bessere Filtrationsgeschwindigkeit zur Folge hat und ein gutes Nachwaschen mit Frischpropan sichert.

Das bei der Propanentölung anfallende Rohparaffin wird einer Vakuumdestillation (10—15 Torr) — zwecks Reinigung von hochsiedenden, hochmolekularen Begleitstoffen ceresinischer und asphaltischer Natur — unterworfen. Hierbei fallen als handelsfähige Produkte folgende Destillate mit einem Ölgehalt von 4—6 % an:

TTH-Paraffin für Oxydationszwecke und

TTH-„normal"-Paraffin (für die Herstellung von ölfreiem Hartparaffin).

Ein Teil des TTH-Paraffins „normal" wird einer Schwitzanlage zugeführt und in dieser auf einen Ölgehalt von unter 0,5 % entölt. Das so erhaltene Rohparaffin wird dann nach einem besonders entwickelten Raffinationsverfahren mit hochkonzentrierter Schwefelsäure (Oleum) behandelt, wonach verfahrensmäßig die Nachbehandlung mit Kalk und hochaktiver Bleicherde ohne Zwischenfiltration erfolgt. Entscheidend für einen guten Erfolg der Raffinationstechnologie ist eine dabei streng einzuhaltende Temperaturführung.

Nach beendeter Bleichung wird das Paraffin filtriert und anschließend in Kühlmaschinen in Tafeln bzw. über eine Zerstäubungsanlage in Pulverform verfertigt. Das nach diesem Spezialverfahren aus hydriertem Braunkohlenteer gewonnene Hartparaffin mit einem Schmelzpunkt von 56/58 °C ist infolge seines hohen Reinheitsgrades als Vollraffinat anzusprechen und wird in starkem Maße exportiert. Neben seiner Geruchs- und Geschmacksfreiheit entspricht es im Schwefelsäuretest den im DAB VI (3. Ergänzungsband) für paraffinum durum festgelegten Reinheitsanforderungen und ist ausgesprochen fluoreszenzschwach, d. h. es genügt bei der Fluoreszenzprüfung im gefilterten Uviollicht dem sog. Chininsulfattest.

Das bei der Propanentölung abgetrennte Öl, das als Rohschmieröl bezeichnet wird, kann durch Vakuumdestillation in schweren Dieselkraftstoff, Spindelöl und ein Sumpfprodukt zerlegt werden, das ohne weitere Raffination als Maschinenöl eingesetzt werden kann. Raffiniert kann es je nach Raffinationsgrad als Motorenölkomponente, Hydrauliköl oder Dampfturbinenöl verwendet werden.

Das TTH-Verfahren ist der destillativen Braunkohlenteerverarbeitung vor allem darum überlegen, weil der Teer beim TTH-Verfahren wesentlich schonender behandelt wird. Das Paraffin wird nur einmal, und zwar unter hohem Vakuum destilliert, während bei der „alten“ Teertechnologie mehrfach krackend destilliert werden muß, um die noch im Teer enthaltenen Bitumenanteile zu zersetzen und einen Teil der die Kristallisation und Filtration ungünstig beeinflussenden Isoparaffine in kristallisierende n-Paraffine zu überführen, wobei allerdings zusätzlich auch höhermolekulare n- und iso-Paraffine in niedrigermolekulare, meist flüssige Kohlenwasserstoffe aufgespalten werden. Infolgedessen sind die Paraffinausbeuten beim TTH-Verfahren höher, und es wird die Viskosität der in gleicher Siedelage mit dem Paraffin liegenden Begleitöle durch thermische Einwirkung nicht beeinträchtigt, so daß sie zu Schmierölen verarbeitet werden können. Durch die raffinierende Hydrierung werden alle Geruchs- und Geschmacksstoffe entfernt, auf welche Weise ein hochwertiges Paraffin gewonnen wird, das sich für die Verwendung in der Lebensmittelindustrie eignet. Aus allen diesen Gründen hat HEBERLING vorgeschlagen, bei einer Steigerung der Paraffinerzeugung aus Teer sich mehr und mehr dem TTH-Verfahren zuzuwenden.

Der ostelbische Kokereiteer ist für eine Verarbeitung nach dem TTH-Verfahren nicht geeignet, weil er infolge seines hohen Asphaltgehaltes die Kontakte stärker beansprucht und deren Lebensdauer beeinträchtigt. Die thermische Instabilität dieses Teeres führt in der Aufheizzone des Vorheizers zur Abscheidung von Polymerprodukten und zu einer schnellen Verkokung des Vorheizers. Aus dem gleichen Grunde ist es nicht möglich, denKokereiteer nach der normalen Fahrweise des HTH-Verfahrens zu verarbeiten, sondern man muß ihn ohne destillative Abtrennung der bis 325 °C siedenden Anteile in der Sumpfphase hydrieren. Die Destillierbarkeit des Kokereiteers läßt sich dadurch bedeutend verbessern, daß er entweder nach GUNDERMANN mit wässerigem Methanol extrahiert (siehe S. 107) oder nach KLIMKE und GONDZIK sowie SANDER unter Zusatz des stark wasserstoffhaltigen Überschußgases der DHD-Anlage (ca. 85 % H_2) bei einem Druck von etwa 40 at destilliert wird. Für die anschließende hydrierende Aufarbeitung des Kokereiteers haben KLIMKE und GONDZIK die in Bild 10 dargestellte Technologie vorgeschlagen, die die Erkenntnis zur wesentlichen Grundlage hat, daß von den in diesem Teer reichlich enthaltenen höheren Phenolen in der Sumpfphase 25 bis 30 % in wertvolle einwertige Phenole umgewandelt werden.

Im Gegensatz zum ostelbischen Kokereiteer ist Druckvergasungsteer aus ostelbischer Kohle nach SANDER verhältnismäßig wärmestabil. Er läßt sich darum nach der üblichen Arbeitsweise über Sumpf- und Gasphase hydrieren, wobei besonders klopffeste Benzine gewonnen werden. Die bis 200 °C siedenden Anteile des Druckvergasungs-Mittelöles eignen sich ausgezeichnet für die Verarbeitung nach dem HTM-Verfahren, und es resultieren hierbei ebenso wie bei dem Einsatz von Kokerei-Leichtöl hochoktanige Benzine.

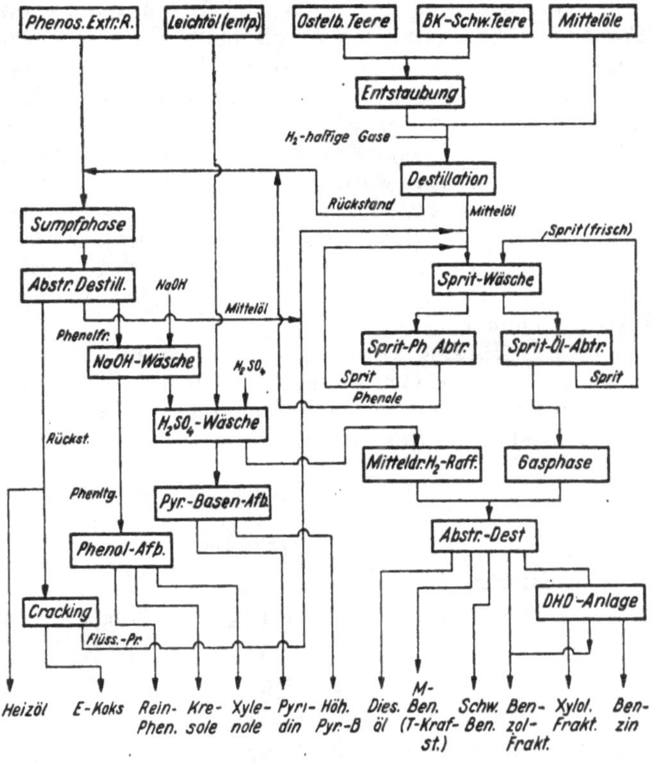

Bild 10 Schema der hydrierenden Braunkohlenteer-Aufarbeitung unter Gewinnung der Phenole und Basen

(R. Klimke u. J. Gondzik: Freib. Forsch.-H., A 221, 1962, S. 29)

6.4. *Die Chemie der Zwischen- und Endprodukte der Braunkohlenteerverarbeitung*

Über die Inhaltsstoffe der Zwischen- und Endprodukte der Braunkohlenteerverarbeitung liegen erst verhältnismäßig wenige Untersuchungen vor, die aber fast alle aus der neuesten Zeit stammen.

In Tabelle 15 sind die vom Vf. u. Mitarb. ermittelten Ergebnisse eines Raffinates und eines Extraktes zusammengestellt, die durch dreistufige Gleichstromextraktion eines ostelbischen Kokereiteers mit 85 %igem Methanol gewonnen waren (siehe S. 108). Aus den Zahlen geht der vorwiegend paraffinische Charakter des Raffinates hervor, das außerdem durch einen bedeutend geringeren Gehalt an Heteroatomen gegenüber dem Ausgangsteer gekennzeichnet ist. Dagegen besteht der Extrakt zu fast 60 % aus sauren und basischen Anteilen, und im Neutralöl überwiegen die Verbindungen mit naphthenisch und aromatisch gebundenem C.

LEIBNITZ, HAGER u. Mitarb. (1958) haben die Petrolätheréluate der säulenchromatographischen Zerlegung von zwei Folgeprodukten der Braunkohlenteerdestillation mit nachstehenden Resultaten untersucht:

	Paraffinmasse aus der Rohrofendest.	Paraffinmasse aus der Blasendest.
n-Paraffine (C_{15}—C_{30})	31,1 %	40,3 %
iso-Paraffine	5,1 %	7,5 %
Naphthene	3,3 %	5,2 %
Olefine	9,3%	8,7%

Im Rohteer wurden von den Genannten Chrysen, in der Paraffinmasse von der Rohrofendestillation Pyren und in der Paraffinmasse von der Blasendestillation Phenanthren nachgewiesen.

Nachstehend sind die Ölgehalte verschiedener Paraffinprodukte, wie sie von HAGER (1958) festgestellt wurden, angegeben:

TTH-Rohparaffin	4,34 %
Köpsener Paraffinschuppen	9,75 %
Gölzauer Weichschuppen	16,74 %
Rositzer Schwitzereivorlauf	42,9 %

Tafel 15 **Raffinat und Extrakt eines Kokereiteers aus der dreistufigen** Gleichstromextraktion mit 85 %igem Methanol (nach GUNDERMANN)

		Teer	Raffinat	Extrakt
Dichte bei 20 °C	g/cm³	0,986	0,923	1,094
Ep_{rot} bzw. Stockp.	°C	47,5	51	3,5
Saure Anteile (Kreos.)	%	24,8	2,3	48,7
Paraffingehalt	%	10,7	18,7	–
Aschengehalt	%	0,02	0,01	0,05
	S %	0,16	0,12	0,30
	N %	0,55	0,36	0,87
	O %	7,49	2,67	13,50
	H : C	1,42	1,60	1,19

Zusammensetzung von einem Raffinat und einem Extrakt

		Raffinat	Extrakt
Gesamtbasen	%	–	5,3
Kreosote	%	2,3	53,6
Neutralöl	%	–	36,9

Strukturgruppenanalyse (E-d-M-Methode nach HRAPIA)

			Neutralöl
Paraffinischer C	%	55,49	17,99
Naphthenischer C	%	26,90	44,86
Aromatischer C	%	17,62	37,15
JZ		104	99

Die Kenndaten und die Zusammensetzung von drei aus Braunkohlenteer gewonnenen technischen Paraffinen, die von HAGER (1956) untersucht wurden, ist aus Tafel 16 zu entnehmen.

HAGER (1958) ermittelte ferner folgende Ölgehalte in Tafelparaffinen nach ASTM D 721–47:

Gölzauer Tafelparaffin	52/54	0,94 %
Köpsener Tafelparaffin	52/54	0,46 %
Rositzer Tafelparaffin	52/54	0,89 %
Zeitzer Tafelparaffin	54/56*	0,38 %

* Vermutlich ist „56/58“ gemeint.

Tafel 16 Zusammensetzung technischer Paraffine aus Braunkohlenteer (nach HAGER)

		Hartparaffin aus der Teer-destillation	TTH-Paraffin	Weichparaffin aus der Teer-destillation
SZ		0,1	0,1	0,0
VZ		0,3	0,5	2,0
JZ		4,2	5,4	9,2
Dichte	d_{70}	0,7782	0,7897	0,7792
Brechungsindex	n_D^{90}	1,4234	1,4258	1,4217
Ep_{rot}	°C	52,8	54,4	44,5
Durch Harnstoff addierte n-Paraffine	%	96,1	95,5	96,3
Durch Harnstoff nicht add. Subst.	%	3,8	3,7	3,3
Farbe des Ausgangsparaffins		weiß	gelblich	weiß
Farbe der n-Paraffine		weiß	weiß	weiß
Farbe der nicht addierten Subst.		gelb	dunkel	gelblich
C_{18} bis C_{19}	%	–	–	3,4
C_{19} bis C_{20}	%	–	–	3,4
C_{20} bis C_{21}	%	3,3	3,3	13,6
C_{21} bis C_{22}	%	3,3	3,3	17,0
C_{22} bis C_{23}	%	9,9	6,6	13,6
C_{23} bis C_{24}	%	13,2	9,9	17,0
C_{24} bis C_{25}	%	13,2	9,9	10,2
C_{25} bis C_{26}	%	16,5	16,5	10,2
C_{26} bis C_{27}	%	16,5	13,2	10,2
C_{27} bis C_{28}	%	6,6	6,6	–
C_{28} bis C_{29}	%	9,9	16,5	–
C_{29} bis C_{30}	%	3,3	9,9	–
über C_{30}	%	–	2,0	–

Das im Reinparaffin enthaltene Öl hat nach HAGER (1958) folgende Zusammensetzung:

50 bis 80 % iso-Paraffine, Olefine, n-Paraffine
5 bis 18 % Aromaten bzw. alkylierte Aromaten
11 bis 35 % stark polare Verbindungen.

Zwei TTH-Paraffine, von denen sich das eine bei der Paraffinoxydation schlecht, das andere gut verarbeiten ließ, wurden von TEUBEL und HEYMER (1959) eingehend analysiert. Durch Harnstoffaddition ermittelten sie in diesen beiden Paraffinen 6,28 bzw. 6,18 % nichtaddierbare Anteile, also annähernd gleiche Werte. Die nichtaddierbaren Substanzen konnten darum für das unterschiedliche Oxydationsverhalten der beiden Paraffine nicht verantwortlich gemacht werden. Aus dem nicht addierten Teil des schlecht oxydablen Paraffins wurden aber stark aromatenhaltige, leichtviskose Öle isoliert, von denen festgestellt wurde, daß sie die Paraffinoxydation hemmen oder sogar völlig unterbinden.

TEUBEL u. Mitarb. (1961) haben weiterhin mitgeteilt, daß allein eine Behandlung des durch Schwitzen erhaltenen TTH-Paraffins mit Multiklonstaub oder Bleicherde nicht genügt, um ein lichtbeständiges Paraffin zu gewinnen. Hierzu ist zuvor eine einstündige Raffination mit 5 % Schwefelsäure bei 120 °C notwendig. Durch eine solche Raffination, anschließende einstündige Neutralisation mit 5 % Kalkhydrat bei 100 °C und weitere einhalbstündige Behandlung mit 3 % Bleicherde bei 80 °C wurde ein Weißparaffin erhalten, das bei rein weißer Farbe lichtbeständig war, einen genügenden H_2SO_4-Test hatte und bei der Probe auf sulfidischen Schwefel einen negativen Befund zeigte. Im einzelnen hatte dieses Paraffin folgende Kenndaten:

Erstarrungspunkt	°C	57,5
Ölgehalt	Gew.-%	0,51
Brechungsindex	n_D^{70}	1,4331
Dichte	d_4^{90}	0,7617
Summenwert (n. GROSS u. GRODDE)		2,6
Durch Harnstoff nicht addiert	Gew.-%	2,9
Ep. des nicht addierten Teils	°C	39

Aus allen diesen Zahlen geht hervor, daß kein Paraffin zu 100 % aus n-Alkanen besteht, sondern daß in jedem

Raffinat noch kleine Mengen anderer Verbindungen enthalten sind, die für den Verwendungszweck in dieser oder jener Hinsicht nachteilig sind.

Mit Hilfe der Harnstoff-Addukt-Trennung wurden die Öle des TTH-Verfahrens von TEUBEL und SCHMIEDEL (1960) auf ihren Gehalt an n-Paraffinen mit folgenden Resultaten untersucht:

	n-Paraffine Gew.-%	Ep °C der n-Paraff.
Rohöl v. d. Schwitzung d. Abstr.-Rückst.	9,3	+ 21,5
Dieselkraftstoff II	11,9	+ 23,5
Spindelöl	7,4	+ 24,5
Maschinenöl	2,5	+ 21,5

Bei den abgetrennten Paraffinen handelt es sich um Weichparaffine mit Kettenlängen von C_{15} bis C_{19}, durch deren Entfernung die nicht befriedigenden Stockpunkte der Öle zum Teil bedeutend verbessert werden könnten (z. B. beim DK II um 35 °C, beim Spindelöl um 20 °C).

Das Schmieröl, das als Sumpfprodukt bei der Destillation des Rohöls von der Schwitzung des TTH-Abstreifers anfällt, zeigt ein schlechtes VT-Verhalten. BERTHOLD, TEUBEL und LEIBNITZ (1962) haben nun nachgewiesen, daß die ungünstigen Viskositätseigenschaften dieses Öls auf in ihm enthaltene mehrkernige naphthenische Ringsysteme, die bis zu 6 Ringe enthalten, zurückzuführen sind. Diese Stoffgruppe wird weder durch nichtspaltende Hydrierung noch durch Behandlung mit für Aromaten selektive Lösungsmittel entfernt. Allein durch Spaltung der Ringsysteme kann das Viskositätsverhalten, allerdings unter erheblicher Viskositätsabnahme und Substanzverlust, verbessert werden.

Die Braunkohlenteerpeche sind ebenso wie andere bituminöse Stoffe Isogele, die Übergänge zu stark geschützten lyophilen Solen zeigen. Die wichtigsten Kenndaten von 3 Pechen, die von GUNDERMANN (1955) untersucht wurden, sind in Tafel 17 zusammengestellt. Die

Tafel 17 Kennzahlen und Inhaltsstoffe von Braunkohlenteerpechen (nach GUNDERMANN)

		Weichpech	Weichpech	Hartpech
Dichte	d_4^{20}	1,035	1,040	1,098
Tropfpunkt	°C	52,8	49,0	109,0
Benzolunlösliches	Gew.-%	7,7	7,3	20,5
Normalbenzinunlösliches	Gew.-%	14,2	13,8	35,8
Kreosote	Gew.-%	0,65	0,89	0,23
n-Paraffine	Gew.-%	9,6	12,6	6,7
Elementaranalyse	C %	85,95	86,79	86,51
	H %	10,20	9,93	8,46
	N %	0,51	0,45	0,45
	S %	0,60	1,40	0,70
Asche	%	0,26	0,07	0,48
(errechnet)	O %	2,48	1,36	3,40
Verhältnis	H : C	1.41	1,36	1,17

Dichten sind in gleicher Weise wie beim Erdölbitumen um so höher, je härter und höher schmelzend die Peche sind. Ferner steigen die Dichten und Erweichungspunkte mit dem Gehalt an Benzolunlöslichem an. Dieses ist zu mehr als 80 % in Pyridin löslich. Es handelt sich also nur zum geringen Teil um koksartige Verunreinigungen und elementaren Kohlenstoff, zum überwiegenden Teil besteht das Benzolunlösliche aus hochmolekularen Verbindungen. Der Gehalt an laugelöslichen Kreosoten ist selbst bei den weicheren Pechen nicht erheblich. Im übrigen setzen sich die Peche neben n-Paraffinen mit Schmelzpunkten von etwa 45 bis 67,5 °C aus anderen vorwiegend alicyclischen Kohlenwasserstoffen, die zum Teil flüssig sind, zum Teil Schmelzpunkte bis etwa 58 °C aufweisen, sowie aus mehreren Harzfraktionen verschiedener Härte zusammen.

Als Pechbildner kommen die Phenole, besonders die zweiwertigen, sowie die schon in den Teeren enthaltenen Harze und Asphalte in Betracht. PRESTING und STEINBACH (1955) haben auf Grund ihrer Forschungen am Montanharz eine Genese der Braunkohlenteerpeche entwickelt, nach der die Harz- und eigentlichen Pechanteile, zumal bei den ostelbischen Schwelteeren, bevorzugt aus dem Montanharz der Kohle stammen. Sie nehmen dieses auch darum an, weil sie aus den „Roten Harzen“, der letzten Destillatfraktion der Pechverkokung, und aus den Pechen selber polycyclische Aromaten u. a. Picen isolierten, die sie sich aus den Polyterpenen des Montanharzes entstanden denken.

6.5. *Ausbeuten und Beschaffenheit der Fertigerzeugnisse*

6.5.1. *Paraffin*

Ausbeute bei der Destillationstechnologie: 45 bis 55 % des im Teer analytisch festgestellten Paraffins.

Ausbeute beim TTH-Verfahren: 80 bis 85 % des im Teer analytisch festgestellten Paraffins.

Es werden folgende Paraffinsorten unterschieden: Vollraffinate, Raffinate, Halbraffinat und Gelbparaffin. Die Vollraffinate und Raffinate, die Erstarrungspunkte zwischen 52 und 58 °C besitzen, sollen einen Ölgehalt von maximal 0,5 % und einen Schwefelgehalt von nicht mehr als 0,02–0,03 % haben. Der Schwefelsäuretest soll bei den Vollraffinaten negativ sein, außerdem dürfen sie keine Asche enthalten.

6.5.2. *Teerkoks*

Ausbeute bei der Destillationstechnologie (aus Schwelteeren): 8 bis 11 %, bezogen auf Teer. Bei der Mitverarbeitung von Generatorteeren, die größere Mengen Pechbildner (Harze, Asphalte, mehrwertige Phenole) als der Schwelteer enthalten, kann die Koksausbeute auf 15 % oder noch höher steigen.

Der Braunkohlenteerkoks wird als Elektrodenkoks in 3 Sorten gehandelt. Für Sorte A und B sind Höchstgehalte von 7 % flüchtigen Bestandteilen, 0,5 % Asche und 0,6 % Schwefel vorgeschrieben, während die Sorte C bis 8 % flüchtige Bestandteile, 1 % Asche und 1,5 % Schwefel enthalten darf.

6.5.3. *Vergaserkraftstoff*

Da Motorenbenzine durch chemische Raffination von Leichtöl und von Destillat aus Teer in der DDR nicht mehr gewonnen werden, erübrigen sich diesbezügliche Angaben.

Beim HTH-Verfahren werden etwa 79 % Benzin, bezogen auf Teer, gewonnen. Dieses Benzin enthält 12 bis 15 % Aromaten, hat einen Siedebereich von etwa 45 bis 180 °C und eine Motor-Oktanzahl von etwa 58. Beim DHD-Verfahren kann ein Benzin gewonnen werden, das etwa 50 % Aromaten enthält und dabei eine MOZ von etwa 80 besitzt. Die Ausbeute beträgt hier etwa 89 % auf das eingesetzte Rohbenzin.

Bei der HTM-Hydrierung von Leichtöl werden etwa 75 % flüssige Treibstoffe erhalten. Das unstabilisierte Benzin hat einen Aromatengehalt von 40 bis 45 % und eine MOZ von 69 bis 76.

6.5.4. *Dieselkraftstoff*

Die TT-Hydrierung liefert etwa 50 % Dieselkraftstoff, bezogen auf Teer, der bei einem Stockpunkt von etwa – 15 °C und einem Phenolgehalt von 0,5 % eine Cetanzahl von 45 bis 50 aufweist.

6.5.5. *Heizöle*

Als Heizöle werden vereinzelt Phenolöle und Kreosotöle verwendet, die in manchen Betrieben bei der Aufbereitung von Braunkohlenteerprodukten anfallen. Diese Öle enthalten 40 bis 80 % saure, laugelösliche Anteile, haben Stockpunkte von – 5 bis + 15 °C, Wassergehalte von 1 bis 5 % und sieden zwischen 100 bis 350 °C, besser zwischen 100 und 300 °C. Die unteren Heizwerte bei diesen Ölen bewegen sich zwischen 7.800 und 8.600 kcal/kg.

Literaturübersicht

W. Scheithauer: Die Schwelteere, 2. Aufl., 1922, Verlag O. Spamer, Leipzig.

Fr. Wirth: Brennstoff-Chemie, 1922, Verlag G. Stilke, Berlin.

E. Erdmann u. M. Dolch: Die Chemie der Braunkohle, 2. Aufl., 1927, Verlag W. Knapp, Halle.

A. Lissner u. A. Thau: Die Chemie der Braunkohle. Band I: Wissensch. Teil. Bearb. von A. Lissner u. H.-G. Schäfer, 3. Aufl., 1956. Bd. II: Chemisch-technische Veredlung. 3. Aufl., 1953, Verlag VEB W. Knapp, Halle.

A. Thau: Leitfaden der Braunkohlenchemie, 1949, Verlag W. Knapp, Halle.

A. Thau: Brennstoffschwelung. Band I: Schweltechnik und Schwelbetrieb, 1949, Verlag W. Knapp, Halle.

H.-J. v. Alberti: Schwelfibel; 2. Aufl., 1956, Verlag VEB W. Knapp, Halle.

A. Fürth—H. Munderloh: Braunkohle und ihre chemische Verwertung. 2. Aufl., 1951, Verlag Th. Steinkopff, Dresden.

H. Steinbrecher: Braunkohlenteer und dessen Produkte in C. Zerbe: Mineralöle. 1952, Springer-Verlag, Berlin.

A. Dierichs u. R. Kubicka: Phenole und Basen. 1958, Akademie-Verlag, Berlin.

E. Graefe/Th. Hellthaler: Laboratoriumsbuch für die Braunkohlenteer-Industrie, 3. Aufl., 1958, Verlag VEB W. Knapp, Halle.

E. J. Fischer u. W. Presting: Laboratoriumsbuch für die Untersuchung technischer Wachs-, Harz- und Ölgemenge, 3. Aufl., 1958, Verlag VEB W. Knapp, Halle.

W. Krönig: Die katalytische Druckhydrierung von Kohlen, Teeren und Mineralölen, 1950, Springer-Verlag, Berlin.

Zeitschriften: Chemische Technik
Braunkohle
Braunkohlenarchiv
Bergbau und Energiewirtschaft
Bergakademie
Freiberger Forschungshefte
Braunkohle, Wärme, Energie
Zeitschrift für angewandte Chemie
Chemiker-Zeitung
Brennstoff-Chemie
Erdöl und Kohle
Journal für praktische Chemie
Liebigs Annalen der Chemie
Berichte der Deutschen Chemischen Gesellschaft
Collection Czechoslov. Chem. Commun.

Übersetzung wichtiger Fachtermini in die russische, englische und französische Sprache

Abstreifer	скребок
Basische Anteile (Bestandteile)	основные компоненты
Bleicherde	отбеливающая глина
Brennerdüse	сопло горегки
Brikettierung	брикетирование
Dampfdruck	давление пара
Destillationsanlage	дистилляционная установка
Dieselkraftstoff	дизельное топливо
Drehofen	вращающаяся печь
Druckvergasung	газификация под давлением
Durchsatzleistung	средняя мощность
Erstarrungspunkt	температура застывания
Filterkuchen	кек
Filterpresse	фильтрпресс
Flammpunkt	температура воспламенения
Gegenstrom	противоток
Gleichstrom	постоянный ток
Glockenboden	тарелка
Hartparaffin	твердый парафин
Harzbitumen	смоляной битум
Harze	смолы
Heizfläche	поверхность нагрева
Heizflächenofen	печь с нагревательной поверхностью
Heizöl	мазут
Heizwert	теплотворная способность
Hochtemperatur-Hochdruck-Hydrierung	высокотемпературная гидрогенизация под высоким давлением

stripper	stripeur
basic components	basiques ingrédients
bleaching earth	agent de blanchiment
burner head	buse de brûleur
briquetting	briquettage
steam pressure	tension de vapeur
distilling plant	distillation
diesel fuel	carburant Diesel
rotate furnace	fourneau tournant
gasification under pressure	gazéification d'imprimer
throughpurt production	débit intermittant
set point	point de solidification
filter cake	pain filtrante
filter press	press à filtres
flash point	point d'inflammation
countercurrent	contre courant
direct current	courant continue
bubble tray	fond à cloche
hard paraffine	paraffine dure
resinic bitumen	bitume de résine
resins	résines
heating surface	surface chauffante
heating surface oven	fourneau à surface chauffante
fuel oil	mazout
calorifi value	valeur calorifique
high-temperature pressure hydrogenation	haute température-haut pression hydrogénation

Inhaltsstoff	содержимые вещества
Kammerofen	камерная печь
Kammerverkokung	камерное коксование
Klopffestigkeit	антидестонационная стойкость
Kondensationsanlage	конденсационная установка
Leichtöl	легкое масло
Maischbottich	заторный чан
Maischbrei	заторная пульпа
Mittelöl	среднее масло
Mittelölrückstand	остаток среднего масла
Montanharz	монтанный воск
Montanwachs	монтанная смола
Paraffingatsch	парафиновый гач
Paraffinmasse	парафиновая масса
Reduktionsmittel	восстановитель
Rektifizierboden	ректификационная тарелка
Saugzellenfilter	ячейковый вакуум-фильтр
Saure Anteile	кислые компоненты
Säureharz	кислотная смола
Schachtgenerator	шахтный генератор
Schachtofen	шахтная печь
Schamottestein	шамотный кирпич
Schwachgas	бедный газ
Schmieröl	смазочное масло
Schwelung	полукоксование
Schwitzverfahren	выпотевание
Selektives Lösungsmittel	селективный растворитель
Siedeverhalten	кипение
Spülgas	газ для промывки
Starkgas	богатый газ
Staubabscheider	пылеотделитель
Stockpunkt	температура затвердевания
Sumpfphase	отстойная фаза

content substance	matière de continu
chamber oven	fourneau à chambre
chamber carbonisation	chambre de cokéfaction
antiknocking property	résistance à la detonation
condenser system	installation de condensation
light oil	huile légère
mash tub	cuve-matière
mash pulp	trempe
medium oil	huile moyenne
medium oil residue	residu d'huile moyenne
lignite resin	résine montaine
lignite wax	cire montaine
crude paraffin	bouillie de paraffine
paraffin wax	masse de paraffine
reducing agent	agent de réduction
rectification bottom	fond à rectifier
suction cell filter	filtre à cellules d'aspiration
acid component	acides ingredients
acid resin	résine de l'acide
shaft generator	générateur à cuve
shaft furnace	fourneau à cuve
fireclay stone	chamotte pierre
poor gas	gaz pauvre
lubricating oil	huile lubrifiante
low temperature carbonisation	combustion incomplète
sweating process	opération de suintement
selective solvent	dissolvent sélective
distillation characteristics	phases d'ébullution
cleansing gas	gaz de balayage
strong gas	gaz riche
dust separator	appareil de dépoussiérage
setting point	point de décongélation
sump phase	phase marcis

Teeraufbereitung	переработка смолы
Tieftemperatur-Hochdruck-Hydrierung	низкотемпературная гидрогенизация под высоким давлением
Tieftemperaturverkokung	низоктемпературное коксование
Tropfpunkt	температура каплепадения
Vergaserkraftstoff	газификаторное топливо
Vergasung	газификация
Verweilzeit	время выдержки
Vorheizer	преднагреватель
Vorkühler	предварительный холодильник
Vorlage	приёмник
Wachsbitumen	восковый битум
Wäscher	промыватель
Waschöl	промывочное масло
Wälzgas	циркуляционный газ
Wärmeaustauscher	теплообменник
Wassergas	водяной газ

upgrading of tar	traitement de goudron
low-temperature pressure hydrogenation	basse température-haut pression hydrogénation
low temperature carbonisation	distillation lente à basse température
dropping point	point de goutte
carburetor fuel	carburant léger
gasification	gazéification
duration	temps d'arret
fore heater	appareil de chauffage
forecooler	préréfrigeur
receiver	récipient
wax bitumen	bitume de cire
washer	laveur à gaz
absorption oil	huile de lavage
rollgas	gaz de circulation
heat exchanger	échangeur de chaleur
water gas	gaz à l'eau

Stichwortverzeichnis

In der gleichen Reihe erschienen:

DIETER NAUMANN

Allgemeine und angewandte Radiochemie

167 Seiten – 46 Abbildungen – 16 Tabellen – 8° – DM 8,–

GERHARD GAWALEK

Wasch- und Netzmittel

Doppelband 232 Seiten – 31 Abbildungen – 3 Tabellen – 8° – DM 12,50

WOLFGANG WAGNER

Chemische Thermodynamik

190 Seiten – 21 Abbildungen – 2 Tabellen – 8° – DM 8,–

SIEGFRIED HAUPTMANN

Über den Ablauf organisch-chemischer Reaktionen

Doppelband 175 Seiten – 8° – DM 12,50

GÜNTER WAGNER / HANS KÜHMSTEDT

Pharmazeutische Chemie

Doppelband 277 Seiten – 8° – DM 12,50

GERHARD GEPPERT

Experimentelle Methoden der Molekülspektroskopie

176 Seiten – 49 Abbildungen – 3 Tabellen – 8° – DM 8,–

Bestellungen durch eine Buchhandlung erbeten

THEORIA CUM PRAXI

AKADEMIE-VERLAG · BERLIN

Der Autor

- **bespricht die chemische Zusammensetzung der Braunkohle und die Teerbildung bei der thermischen Behandlung der Kohle**

- **erörtert die technischen Verfahren der Braunkohlenteererzeugung und die Technologie der Gewinnung der Teere aus den Schwel-, Kokerei- und Generatorgasen**

- **berichtet über die Technologie der Braunkohlenteerverarbeitung, die Chemie der Braunkohlenteere und führt dort die eigentlichen Teere, das Mittel- und Leichtöl mit allen ihren Inhaltsstoffen auf**

WISSENSCHAFTLICHE TASCHENBÜCHER

MIX
Papier | Fördert
gute Waldnutzung
FSC® C083411

Zeitfracht Medien GmbH
Ferdinand-Jühlke-Straße 7
99095 Erfurt, Deutschland
produktsicherheit@kolibri360.de